KOMPAKT-WISSEN
PHYSIK

Horst Lautenschlager

Physik 2

Elektrizität, Magnetismus
und Wellenoptik

STARK

ISBN 978-3-89449-770-5

www.stark-verlag.de
1. Auflage 2005

halt

orwort

Fortsetzung siehe nächste Seite

Autor: Horst Lautenschlager

Vorwort

Liebe Schülerinnen und Schüler,

dieser Band aus der Reihe Kompakt-Wissen bietet Ihnen eine kompakte und gleichzeitig präzise Darstellung des Unterrichtsstoffs zu Elektrizität, Magnetismus und zur Wellenoptik. Er eignet sich damit hervorragend für den täglichen Schulgebrauch und zur gründlichen Vorbereitung auf das Abitur.

- Alle lehrplanrelevanten Themen werden **verständlich erklärt**.
- Der Inhalt ist übersichtlich aufbereitet und systematisch in überschaubare Abschnitte gegliedert, sodass Sie sich **effektiv und zeitsparend** auf den Unterricht und auf Klausuren **vorbereiten** können.
- **Kernaussagen** und wichtige **physikalische Begriffe** sind **blau** hervorgehoben. Mithilfe vieler **Grafiken** und **Diagramme** wird der im Text behandelte Stoff zusätzlich veranschaulicht.
- **Zahlreiche Querverweise** helfen Ihnen dabei, Zusammenhänge zwischen den verschieden Stoffgebieten zu erkennen.
- Das **umfangreiche Stichwortverzeichnis** erleichtert Ihnen die gezielte Suche nach bestimmten Begriffen und Inhalten.

Viel Freude bei der Lektüre wünscht Ihnen

H. Lautenschlager

Horst Lautenschlager

Elektrostatisches Feld

1 Elektrische Ladung

Im 18. Jahrhundert stellte man sich unter elektrischer Ladung eine nichtmaterielle Substanz vor, die in verschiedenen Mengen auf Körpern vorliegen kann. Empirisch fand man: 1

a) Es gibt nur **zwei Arten** von **elektrischer Ladung**, positive und negative.
b) Gleichnamige elektrische Ladungen stoßen einander ab, ungleichnamige ziehen sich an.
c) Jede in der Natur vorkommende elektrische Ladungsmenge tritt stets nur als ganzzahliges Vielfaches einer kleinsten, **Elementarladung** genannten Ladung e auf, die den Betrag $1{,}6022 \cdot 10^{-19}$ C besitzt (→ 10|1).
d) Elektrische Ladungen können durch Berührung von einem Körper auf einen anderen übertragen werden
e) und in elektrischen Leitern fließen.
f) Gleiche Mengen positiver und negativer elektrischer Ladung auf einem Leiter neutralisieren sich.
g) Bei Leitern sitzen ruhende, elektrische Ladungen nur auf der äußeren Oberfläche, und zwar umso dichter, je stärker deren Krümmung ist.
h) Geladene Leiter werden entladen, wenn man sie leitend mit der Erde verbindet.
i) Die Summe der elektrischen Ladungsmengen eines abgeschlossenen Systems ändert sich nicht. Elektrische Ladungen werden nicht erschaffen oder vernichtet, sondern getrennt oder neutralisiert.

Mit der Entdeckung des Elektrons und der Entwicklung leistungsfähigerer Atommodelle setzte sich die Erkenntnis durch, dass der **kleinste Träger** einer **negativen** (positiven) **Elementarladung** das **Elektron** (Proton) ist und dass Körper negativ (positiv) elektrisch geladen sind, wenn sie einen Überschuss (Mangel) an Elektronen aufweisen. 2

3 In **Ladungsquellen** werden die beiden Ladungsarten getrennt. Die Stelle einer Ladungsquelle mit einem Überschuss an negativer (positiver) Ladung heißt Minuspol (Pluspol) und wird in Schaltbildern durch einen dicken kurzen (langen dünnen) Strich symbolisiert:

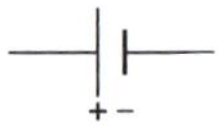

4 Das **Formelzeichen** für die elektrische Ladung ist Q, ihre **Einheit** ist das **Coulomb (Einheitenzeichen C)**. Ein Körper trägt die positive bzw. negative Ladungsmenge $Q = 1$ C, wenn er einen Mangel bzw. einen Überschuss von $6{,}242 \cdot 10^{18}$ Elektronen aufweist (→ 11|5).

5 **Ladungsmessung**

a) Lässt man eine kleine Ladungsmenge durch ein hochempfindliches Drehspulgerät (→ 17|5) zur Erde abfließen, schlägt sein Zeiger aus und kehrt rasch wieder in die Nullstellung zurück. Ist die Durchflusszeit klein gegenüber der Schwingungsdauer des Geräts, so ist der Maximalausschlag α des Zeigers proportional zur durchgeflossenen Ladungsmenge Q:

$$Q = c \cdot \alpha$$

Man spricht von einem **ballistischen** Ausschlag. Die durch Gerätegrößen bestimmte Proportionalitätskonstante c wird experimentell gemessen, indem man den Stoßausschlag α einer bekannten Ladungsmenge bestimmt.

b) Im Unterricht werden häufig **Ladungsmessverstärker** verwendet. Hier fließt die zu messende Ladung auf einen im Instrument befindlichen Messkondensator (→ 6|1) bekannter Kapazität (→ 6|2) auf. Dessen Spannung wird verstärkt und auf einer für Ladung geeichten Skala eines Zeigerinstruments als konstanter Ausschlag angezeigt.

c) **Große Ladungsmengen** lassen sich **elektrolytisch messen**, indem man sie zwischen zwei unterschiedlich geladenen Elektroden durch einen geeigneten Elektrolyten fließen lässt, die Masse der an der Kathode elektrolytisch abgeschiedenen Stoffmenge misst und hieraus mithilfe der Faraday'schen Gesetz der Elektrolyse (→ 13|3) die transportierte Ladung berechnet.

Die **Ladungsart** erhält man bei ballistischen Ladungsmessern und bei Ladungsmessverstärkern aus der Richtung des Zeigerausschlags. Bei einem hinreichend stark geladenen Körper K kann sie unter geringerem experimentellen Aufwand auch durch Berühren mit einer einseitig geerdeten Glimmlampe (→ 14|5) bestimmt werden (vergleiche Skizze). 6

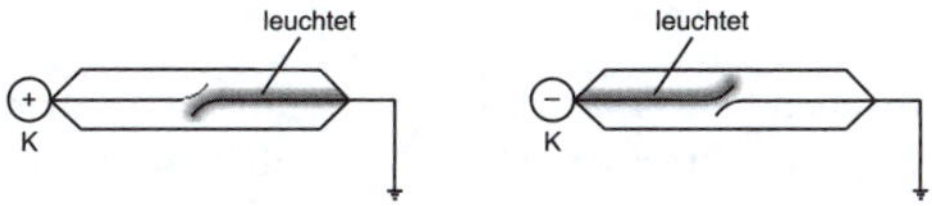

Bei geringeren Ansprüchen an die Messgenauigkeit können nicht zu kleine Ladungsbeträge auch mit einem **Elektroskop** bestimmt werden. An einem Metallstab ist entsprechend der Skizze ein Metallzeiger oberhalb seines Schwerpunkts drehbar befestigt. 7

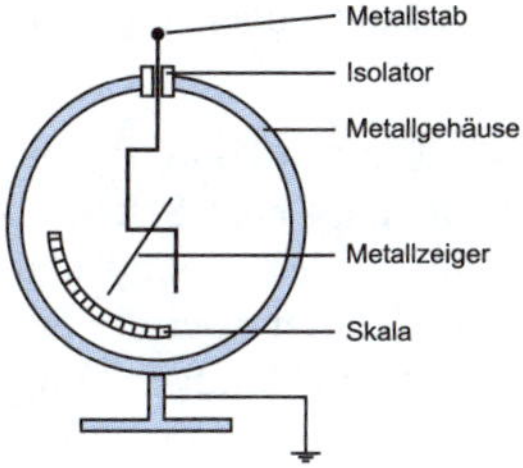

Fließen Ladungen auf Stab und Zeiger, so schlägt der Zeiger aus, da sich gleichartig geladene Körper (→ 1|1) abstoßen. Die Größe des Ausschlags ist ein Maß für die aufgeflossene Ladungsmenge.

Um 1785 fand **Coulomb** das nach ihm benannte **Gesetz** über die elektrische Kraft zwischen zwei Punktladungen Q_1, Q_2. Diese üben aufeinander in Richtung ihrer Verbindungslinie eine elektrische Kraft vom Betrag 8

$$\mathbf{F = \frac{1}{4 \cdot \pi \cdot \varepsilon_0} \cdot \frac{Q_1 \cdot Q_2}{r^2}}$$

aus. r bezeichnet den Ladungsabstand. Die Naturkonstante ε_0 heißt elektrische Feldkonstante und hat den numerischen Wert

$$\varepsilon_0 = 8{,}85 \cdot 10^{-12} \ \frac{C}{V \cdot m}.$$

2 Elektrische Feldstärke

1 Zur Erklärung der Kraftübertragung zwischen elektrischen Ladungen führte Michael Faraday den Begriff des **elektrischen Felds** ein. Darunter versteht man einen Raumbereich, in dem auf ruhende elektrische Ladungen elektrische Kräfte ausgeübt werden.

2 Die Stärke eines elektrischen Feldes wird durch die Kräfte, mit denen es auf **Probeladungen** wirkt, gemessen. Das sind idealisierte, räumlich unendlich kleine Ladungen, die keinen Einfluss auf die das Feld erzeugenden Ladungen haben. Im Weiteren werden sie mit q bezeichnet, felderzeugende Ladungen mit Q.

3 Die **Kraft auf eine Probeladung** lässt sich z. B. mit einer **Torsionsdrehwaage** nach Schürholz messen. Das ist ein gespannter Torsionsdraht, an dem isoliert und gewichtskompensiert eine kleine Metallkugel K als Träger der Probeladung q befestigt ist. Die von der elektrischen Feldkraft $\vec{F}$ bewirkte Auslenkung der Kugel wird von der durch Verdrillen des Aufhängedrahts erzeugten Rückstellkraft kompensiert. Die exakte Wiederherstellung der Ausgangslage kontrolliert man mittels eines Lichtzeigers. Aus dem am Torsionskopf ablesbaren Rückstellwinkel lässt sich nach dem Hooke'schen Gesetz der Torsion der Kraftbetrag F berechnen.

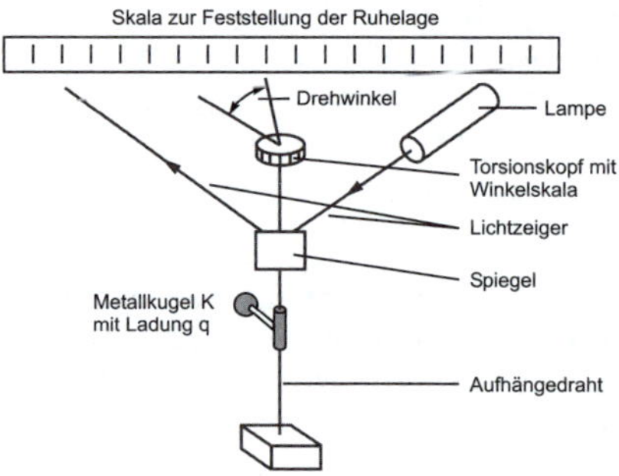

4 Die Erfahrung zeigt, dass der Betrag F der elektrischen Kraft $\vec{F}$ auf eine Probeladung q in einem Punkt P eines elektrischen Feldes proportional zum Ladungsbetrag q ist.

Der Quotient

$$\vec{\mathbf{E}} := \frac{\vec{\mathbf{F}}}{\mathbf{q}}$$

hängt demnach nur noch von der „Stärke des elektrischen Feldes" am Ort der Probeladung ab und heißt **elektrische Feldstärke**.

Ausgedrückt durch die SI-Basiseinheiten besitzt die **elektrische Feldstärke** die **Einheit** $\frac{\text{kg} \cdot \text{m}}{\text{A} \cdot \text{s}^3}$. Gebräuchlicher sind die abgeleiteten Einheiten $\frac{\text{N}}{\text{C}}$ und $\frac{\text{V}}{\text{m}}$. 5

Elektrische Felder lassen sich durch **elektrische Feldlinien** veranschaulichen. Das sind fiktive Kurven in einem elektrischen Feld, welche in jedem ihrer Punkte tangential zum dortigen Feldstärkevektor verlaufen. Üblicherweise sind sie so gezeichnet, dass ihre Dichte in einem zur Feldrichtung senkrechten Flächenelement proportional ist zum Betrag der Feldstärke in diesem Flächenelement. Feldlinien elektrostatischer Felder 6

a) sind keine in sich geschlossenen Linien.
b) beginnen in positiven und enden in negativen Ladungen.
c) kreuzen oder berühren sich nicht.
d) stehen auf metallischen Oberflächen senkrecht.

Die Abbildung zeigt das Feldlinienbild des von zwei Punktladungen $Q_1 = +3$ LE und $Q_2 = -1$ LE erzeugten elektrischen Felds (LE: Ladungseinheit).

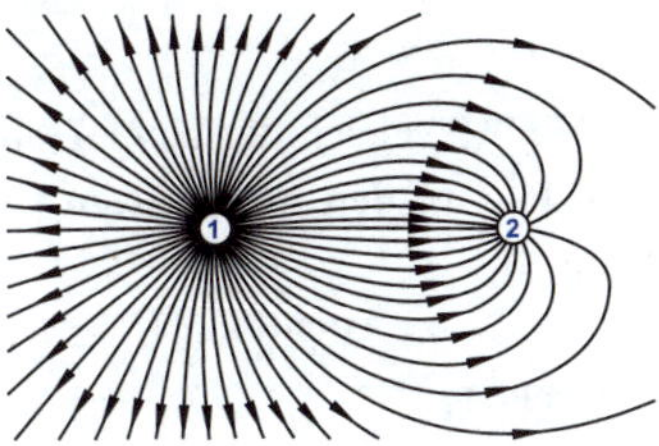

Feldlinien lassen sich **experimentell darstellen**, indem man metallische, geladene, ebene Schnittmodelle der Körper, welche die felderzeugenden Ladungen tragen, in eine flache Glasschale mit dickflüssigem Öl und eingestreuten Grießkörnern bringt. Im elektrischen Feld polarisieren (→ 8|2) die Grießkörner zu kleinen Dipolen und reihen sich längs der Feldlinien kettenförmig auf. 7

8 Nach dem **Superpositionsprinzip für elektrische Felder** ergibt sich die elektrische Feldstärke $\vec{E}_{ges}(P)$ in einem Punkt P eines elektrischen Felds, das durch Überlagerung mehrerer Einzelfelder entstanden ist, als Vektorsumme der Einzelfeldstärken $\vec{E}_i(P)$ im Punkt P:

$$\vec{E}_{ges}(P) = \vec{E}_1(P) + \ldots + \vec{E}_n(P)$$

3 Elektrisches Potenzial und elektrische Spannung

1 Ein elektrisches Feld lässt sich neben seiner Kraftwirkung auf Probeladungen auch durch die Arbeit beschreiben, die mit dem Ladungstransport im Feld verbunden ist.
Die Erfahrung zeigt, dass beim Transport einer Probeladung q in einem elektrischen Feld von P_0 nach P_1 **gegen die Feldkräfte** eine Arbeit $\mathbf{W_{P_0,P_1}^{extern}}$ verrichtet wird, die nicht vom Transportweg abhängt und proportional zur transportierten Ladung ist. Der Quotient aus dieser Transportarbeit und der Ladung hängt nur von der Lage der Punkte und vom Feld selbst ab und heißt **elektrisches Potenzial φ_{P_0,P_1} des Punktes P_1 bezüglich des Punktes P_0**:

$$\varphi_{P_0,P_1} = \frac{W_{P_0,P_1}^{extern}}{q}$$

2 Da $\mathbf{W_{P_0,P_1}^{extern}}$ gleich der beim Transport einer Probeladung q von P_1 nach P_0 **von den Feldkräften** verrichteten Arbeit $\mathbf{W_{P_1,P_0}^{intern}}$ ist, gilt auch:

$$\varphi_{P_0,P_1} = \frac{W_{P_1,P_0}^{intern}}{q}$$

3 Ausgedrückt durch die SI-Basiseinheiten besitzt das **elektrische Potenzial** die **Einheit** $\frac{kg \cdot m^2}{A \cdot s^3}$. Gebräuchlicher ist die abgeleitete Einheit **Volt (Einheitenzeichen V)**.

Potenziale lassen sich in elektrostatischen Feldern mit **Potenzialsonden** messen. Das sind metallische Spitzen, die leitend mit den Eingängen eines statischen Spannungsmessers verbunden werden können. Platziert man z. B. eine mit dem Zeigersystem eines Elektroskops (→ 1|7) verbundene Sondenspitze im Punkt P_1 und eine andere, mit dem Gehäuse verbundene, im Punkt P_0 eines elektrostatischen Felds und macht ihre Umgebung mit einer Flamme leitend, so entspricht der Zeigerausschlag am Elektroskop dem Potenzial von P_1 bezüglich P_0. 4

Die Potenzialstruktur eines elektrischen Feldes lässt sich – ähnlich wie man Geländeerhebungen auf einer Landkarte durch Höhenlinien darstellt – mit **Äquipotenziallinien** veranschaulichen. Das sind fiktive Kurven, längs derer elektrische Ladungen ohne Arbeitsaufwand transportiert werden können. Alle Punkte einer Äquipotenziallinie besitzen das gleiche Potenzial. 5

a) Äquipotenziallinien schneiden und berühren sich nicht,
b) sind in sich geschlossene Linien und
c) schneiden elektrische Feldlinien senkrecht. Dabei weist der auf der Äquipotenziallinie senkrecht stehende Feldstärkevektor in Richtung abnehmenden Potenzials.
d) Besitzt die Potenzialdifferenz zwischen zwei benachbarten Äquipotenziallinien jeweils den gleichen Wert, so verlaufen sie in einem Bereich umso dichter, je größer dort der Betrag der elektrischen Feldstärke ist.
e) Leiteroberflächen in elektrostatischen Feldern sind Äquipotenzialflächen.

Die Abbildung zeigt das Äquipotenziallinienbild des von zwei Punktladungen $Q_1 = +3$ LE und $Q_2 = -1$ LE erzeugten elektrischen Felds.

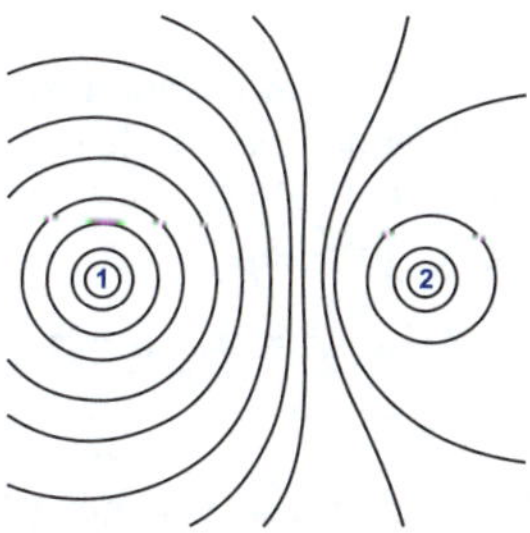

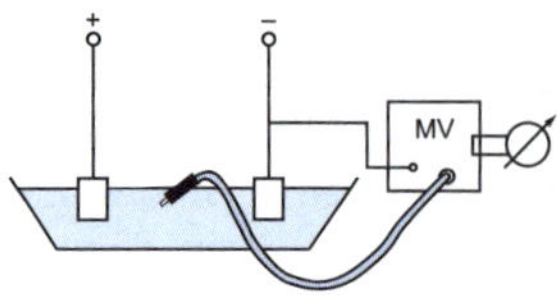

6 **Äquipotenziallinien** lassen sich im **Potenzialtrog** darstellen. Das ist eine flache Wanne, die mit einer schwach leitenden Flüssigkeit gefüllt ist und in der sich aufgeladene Elektroden befinden. Die ganze Anordnung ist so beschaffen, dass sie einen ebenen Schnitt durch das zu untersuchende elektrische Feld darstellt. Einen Pol eines spannungsempfindlichen Messverstärkers verbindet man mit der Elektrode, auf welcher der Bezugspunkt festgelegt wird, den anderen mit einer Sonde. Führt man diese entlang einer Äquipotenziallinie, so ändert sich die Anzeige des Messgeräts nicht.

7 Nach dem **Superpositionsprinzip für elektrische Potenziale** ergibt sich in einem Punkt P_1 eines elektrischen Felds, das durch Überlagerung mehrerer Einzelfelder entstanden ist, das auf einen Punkt P_0 bezogene Gesamtpotenzial durch Addition der ebenfalls auf P_0 bezogenen Potenziale $\varphi_{P_0,\,P_1,\,\text{Feld i}}$ der Einzelfelder in P_1:

$$\varphi_{P_0,\,P_1,\,\text{gesamt}} = \varphi_{P_0,\,P_1,\,\text{Feld 1}} + \ldots + \varphi_{P_0,\,P_1,\,\text{Feld n}}$$

8 Eine kurze Rechnung zeigt, dass die Differenz zweier Potenzialwerte mit gleichem Bezugspunkt nicht von der Wahl des Bezugspunkts abhängt. Es gilt:

$$\varphi_{P_0,\,P_1} - \varphi_{P_0,\,P_2} = \frac{W^{\text{intern}}_{P_1,\,P_2}}{q} = \frac{W^{\text{extern}}_{P_2,\,P_1}}{q}$$

9 Unter der **elektrischen Spannung $U_{P_1,\,P_2}$** zwischen zwei Punkten P_1, P_2 eines elektrischen Felds versteht man die Differenz seiner auf einen beliebigen, aber gleichen Punkt P_0 bezogenen Potenziale $\varphi_{P_0,\,P_1}$ bzw. $\varphi_{P_0,\,P_2}$:

$$\mathbf{U_{P_1,\,P_2} := \varphi_{P_0,\,P_1} - \varphi_{P_0,\,P_2}}$$

10 Die elektrische Spannung besitzt die gleiche Einheit wie das elektrische Potenzial (→ 3|3).

Die elektrische Spannung zwischen zwei Punkten P_1 und P_2 lässt sich in einem elektrostatischen Feld wie unter (→ 3|4) beschrieben mit zwei Potenzialsonden messen, deren Spitzen man in den Punkten P_1 und P_2 platziert. 11

Der für den Ladungstransport in einem elektrischen Feld erforderliche Arbeitsbetrag W ergibt sich als Produkt aus dem Betrag U der Spannung zwischen Anfangs- und Endpunkt des Transportwegs und dem Ladungsbetrag q: 12

$$\mathbf{W = q \cdot U}$$

Begründung:

$$U_{P_1,P_2} := \varphi_{P_0,P_1} - \varphi_{P_0,P_2} = \frac{W^{\text{intern}}_{P_1,P_2}}{q} = \frac{W^{\text{extern}}_{P_2,P_1}}{q}$$

Wird ein Träger einer Elementarladung in einem elektrischen Feld zwischen zwei Punkten verschoben, zwischen denen die Spannung $U = 1$ V besteht, so ändert sich seine Energie um den Betrag (→ 3|12) 13

$$e \cdot U = 1{,}6 \cdot 10^{-19}\,\text{C} \cdot 1\,\text{V} = 1{,}6 \cdot 10^{-19}\,\text{J}.$$

Dieser Energiebetrag wird als **1 Elektronenvolt** (1 eV) bezeichnet. Für die Umrechnung zwischen den Energieeinheiten Joule und Elektronenvolt merkt man sich:

eV-Wert mit $1{,}6 \cdot 10^{-19}$ multiplizieren ergibt J-Wert.

J-Wert durch $1{,}6 \cdot 10^{-19}$ dividieren ergibt eV-Wert.

4 Elektrische Verschiebungsdichte

Elektrische Felder verschieben auf eingebrachten elektrisch neutralen Leitern Elektronen so lange, bis der Raum im Leiterinneren feldfrei ist. Dieses Phänomen wird als **elektrische Influenz** bezeichnet und kann zur Einführung einer dritten feldbeschreibenden Größe verwendet werden. 1

2 In jedem elektrischen Feld kann die elektrische Feldstärke in einer kleinen Umgebung eines Feldpunkts P als konstant angesehen werden. Führt man dort isoliert zwei kleine, gleich große, ungeladene, genau aufeinander liegende Metallplatten – im Weiteren Influenzplatten genannt – senkrecht zu den Feldlinien ein, trennt sie dort und zieht sie getrennt wieder heraus, so sind sie betragsgleich aber ungleichnamig geladen, weil ein Teil ihrer frei beweglichen Oberflächenelektronen vom elektrischen Feld verschoben wird.

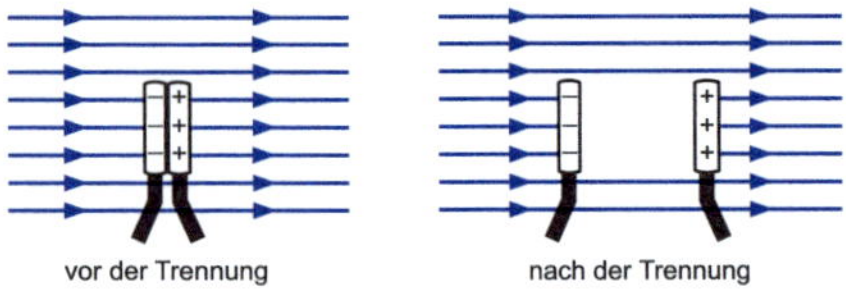

Influenzplattenversuch

Messungen zeigen, dass die Flächenladungsdichte $\frac{Q}{A}$ der Influenzladung Q auf einer Influenzplatte der Fläche A von der Plattenlage im elektrischen Feld abhängt. Sie ist maximal, wenn die Platten senkrecht zu den Feldlinien stehen, und genau so groß wie die Flächenladungsdichte auf den Platten eines kleinen Plattenkondensators (→ 6|5), dessen Feld mit dem ursprünglichen Feld in der kleinen Umgebung von P übereinstimmt. In diesem Sinne lässt sich das Feld in der Umgebung von P quantitativ durch die Ladungsdichte auf den Influenzplatten beschreiben.

3 Unter der **elektrischen Verschiebungsdichte** $\vec{D}$ im Punkt P eines elektrischen Felds versteht man einen Vektor mit folgenden Eigenschaften:
Führt man den Influenzplattenversuch (→ 4|2) mit hinreichend kleinen Platten der Fläche A in einem kleinen Bereich um den Punkt P so durch, dass die Ladungsdichte auf den Platten maximal ist, so soll
a) $\vec{D}$ auf den Platten senkrecht stehen,
b) von der positiv geladenen Platte wegdeuten,
c) den Betrag $\frac{Q}{A}$ besitzen, wobei Q der Betrag der Influenzladung auf einer Platte ist.

4 Ausgedrückt durch die SI-Basiseinheiten besitzt die **elektrische Verschiebungsdichte** die **Einheit** $\frac{\text{A} \cdot \text{s}}{\text{m}^2}$.

Die elektrische Verschiebungsdichte lässt sich anschaulich deuten, wenn man von jeder felderzeugenden Ladungseinheit genau eine elektrische Feldlinie ausgehen lässt. Dann entspricht die Anzahl der Feldlinien, die senkrecht durch ein Flächenelement in einem Punkt hindurchgehen, dem Betrag der elektrischen Verschiebungsdichte in diesem Punkt. 5

Für jedes elektrische Feld im Vakuum gilt: 6

$$\vec{D} = \varepsilon_0 \cdot \vec{E}$$

Diese Vektorgleichung heißt **Grundgleichung des elektrischen Felds**.

Begründung: Die Grundgleichung lässt sich in der Schule nur für den Spezialfall des homogenen elektrischen Felds herleiten. Hierfür gilt:

$$D = \frac{Q}{A} \overset{(\rightarrow 6|2)}{=} \frac{C \cdot U}{A} \overset{(\rightarrow 6|5)}{=} \frac{\varepsilon_0 \cdot \frac{A}{d} \cdot U}{A} = \varepsilon_0 \cdot \frac{U}{d} \overset{(\rightarrow 5|3)}{=} \varepsilon_0 \cdot E$$

5 Spezielle elektrostatische Felder

Homogenes elektrisches Feld

Ein **elektrisches Feld** heißt **homogen**, wenn der Vektor $\vec{E}$ der elektrischen Feldstärke in allen Feldpunkten die gleiche Richtung und den gleichen Betrag besitzt. 1

Die Feldlinien eines homogenen Felds verlaufen parallel und äquidistant. Die Äquipotenzialflächen sind parallele, äquidistante Ebenen senkrecht zu den Feldlinien.

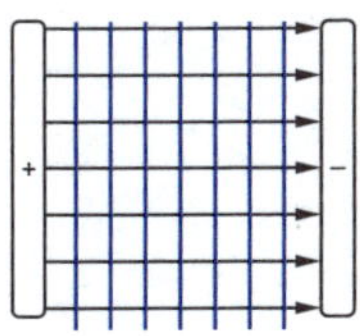

Das Feld im Inneren eines Plattenkondensators (→ 6 | 5) kann in guter Näherung als homogen angesehen werden.

2 In einem homogenen elektrischen Feld der Feldstärke $\vec{E}$ besitzt ein Punkt P bezüglich eines Punkts P_0 das **elektrische Potenzial**

$$\varphi(x) = -E(x - x_0).$$

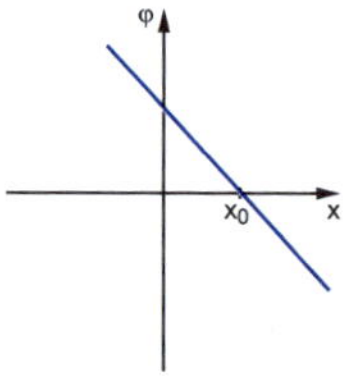

Dabei bezeichnen x und x_0 die Abszissen der Punkte P und P_0 in einem Koordinatensystem, dessen x-Achse parallel zum $\vec{E}$-Vektor verläuft. Der Graph der Funktion $\varphi(x)$ ist eine Gerade mit der negativen Steigung –E, welche die x-Achse an der Stelle x_0 schneidet.

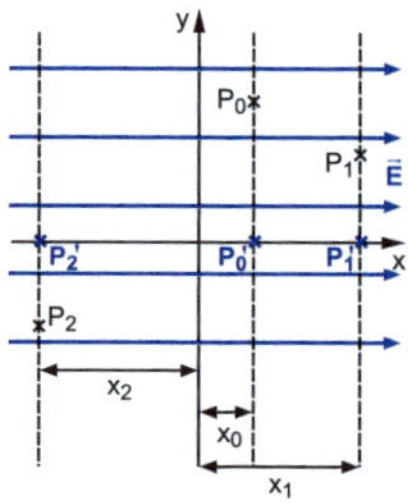

Begründung: Da Ebenen senkrecht zur x-Achse Äquipotenzialflächen sind, besitzen die Punkte P_1 bzw. P_2 bezüglich P_0 das gleiche Potenzial wie die Punkte P_1' bzw. P_2' bezüglich P_0'.
Nach (→ 3|2) und (→ 2|4) gilt:

$$\varphi_{P_0', P_1'} \overset{(\rightarrow 3|2)}{=} \frac{W^{\text{intern}}_{P_1', P_0'}}{q} = \frac{F^{\text{intern}}_{P_1', P_0'} \cdot (x_1 - x_0)}{q} \overset{(\rightarrow 2|4)}{=} \frac{-q \cdot E \cdot (x_1 - x_0)}{q} = -E \cdot (x_1 - x_0)$$

$$\varphi_{P_0', P_2'} \overset{(\rightarrow 3|2)}{=} \frac{W^{\text{intern}}_{P_2', P_0'}}{q} = \frac{F^{\text{intern}}_{P_2', P_0'} \cdot (x_0 - x_2)}{q} \overset{(\rightarrow 2|4)}{=} \frac{q \cdot E \cdot (x_0 - x_2)}{q} = -E \cdot (x_2 - x_0)$$

3 Für den Betrag der Spannung U zwischen zwei Punkten, die auf Äquipotenzialflächen mit Abstand d liegen, gilt:

$$U = E \cdot d$$

Begründung: Nach (→ 3|9) und (→ 5|2) gilt für die Spannung U_{12} zwischen zwei Punkten P_1, P_2 mit den x-Koordinaten x_1, x_2:

$$\begin{aligned} U_{12} &= \varphi(x_1) - \varphi(x_2) \\ &= -E\cdot(x_1 - x_0) - [-E\cdot(x_2 - x_0)] \\ &= E\cdot(x_2 - x_1) \\ &= E\cdot d \end{aligned}$$

Für den Betrag E der elektrischen Feldstärke im **homogenen Feld** 4
einer ebenen Ladungsschicht der Flächenladungsdichte σ gilt:

$$\mathbf{E = \frac{|\sigma|}{2\cdot\varepsilon_0}}$$

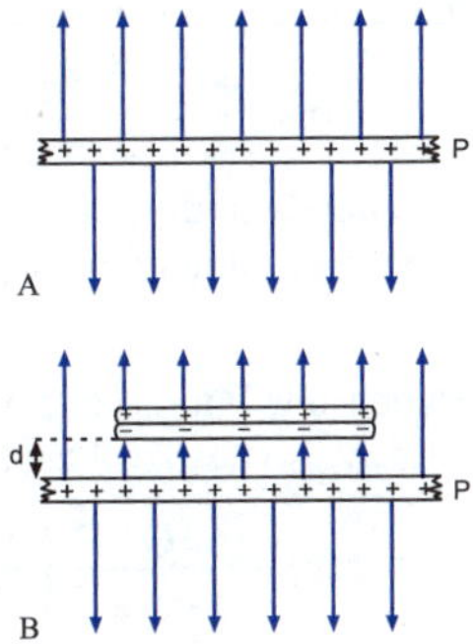

Begründung: Auf eine zur Ladungsebene parallele Metallplatte influenziert das Feld abstandsunabhängig die Flächenladungsdichte $\frac{|\sigma|}{2}$ (siehe Abbildungen A, B).
Aus der Grundgleichung (→ 4|6)

$$\vec{D} = \frac{|\sigma|}{2} = \varepsilon_0 \cdot \vec{E}$$

folgt die angegebene Beziehung für E.

Radialsymmetrisches elektrisches Feld

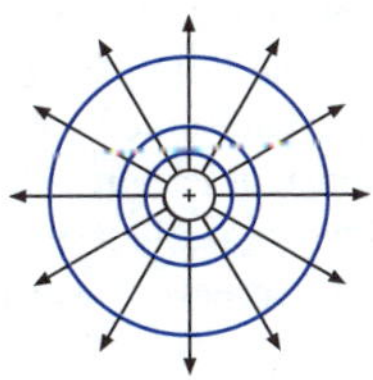

Das von einer Punktladung erzeugte elektrische Feld ist **radialsymmetrisch**. 5
Je nach Ladungsvorzeichen ist der Vektor $\vec{E}$ der elektrischen Feldstärke in einem Feldpunkt radial vom Ladungszentrum weg oder aufs Ladungszentrum hin gerichtet. Sein Betrag ist umgekehrt proportional zum Abstandsquadrat des Feldpunkts vom Ladungszentrum. Die Äquipotenzialflächen sind konzentrische Kugelflächen mit dem Ladungszentrum als Mittelpunkt.

6 Im Abstand r vom Zentrum einer Punktladung Q gilt für den Betrag E(r) der elektrischen Feldstärke:

$$\mathbf{E(r) = \frac{1}{4 \cdot \pi \cdot \varepsilon_0} \cdot \frac{Q}{r^2}}$$

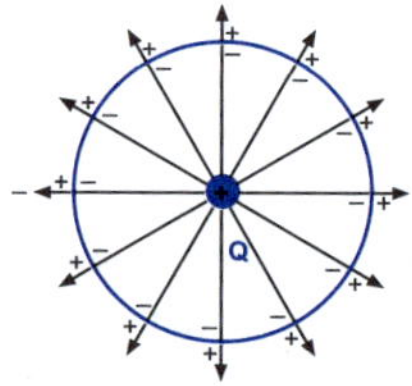

Begründung: Auf jeder Seite einer konzentrisch um das Ladungszentrum gelegten Metallhohlkugel vom Radius r influenziert das Feld Ladungen vom Gesamtbetrag Q. Da eine Kugel vom Radius r die Oberfläche $A = 4 \cdot \pi \cdot r^2$ besitzt, gilt für die Flächenladungsdichte D(r) auf der Kugeloberfläche:

$$D(r) = \frac{Q}{A} = \frac{Q}{4 \cdot \pi \cdot r^2}$$

Aus der Grundgleichung $\vec{D} = \varepsilon_0 \cdot \vec{E}$ (→4|6) folgt hieraus die angegebene Beziehung für E(r).

7 Haben die Punkte P bzw. P_0 vom Ladungszentrum die Abstände r bzw. r_0, so besitzt P bezüglich P_0 das Potenzial φ(r):

$$\mathbf{\varphi(r) = \frac{Q}{4 \cdot \pi \cdot \varepsilon_0} \cdot \left(\frac{1}{r} - \frac{1}{r_0}\right)}$$

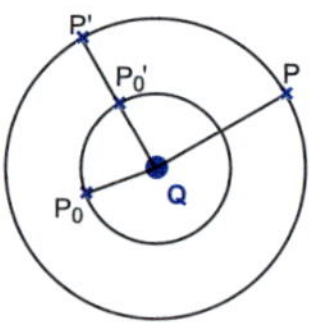

Begründung: Da die Äquipotenzialflächen konzentrische Kugelflächen um das Ladungszentrum sind, besitzt P' bezüglich P_0' das gleiche Potenzial wie P bezüglich P_0. Da die Kraft auf eine Probeladung längs P_0P nicht konstant ist, muss bei der Berechnung der Transportarbeit die Kraftfunktion über den Weg integriert werden.

Dann gilt:

$$\varphi_{P_0,P} \overset{(\to 3|2)}{=} \frac{W^{intern}_{P',P_0}}{q} = \frac{\int_r^{r_0} F^{intern}_{P',P_0'}(\rho)\,d\rho}{q} \overset{(\to 2|4)}{=} \frac{\int_r^{r_0} q\cdot E(\rho)\,d\rho}{q}$$

$$= \int_r^{r_0} E(\rho)\,d\rho \overset{(\to 5|6)}{=} \frac{Q}{4\cdot\pi\cdot\varepsilon_0}\cdot\int_r^{r_0}\frac{d\rho}{\rho^2}$$

$$= \frac{Q}{4\cdot\pi\cdot\varepsilon_0}\cdot\left[-\frac{1}{\rho}\right]_r^{r_0} = \frac{Q}{4\cdot\pi\cdot\varepsilon_0}\cdot\left(\frac{1}{r}-\frac{1}{r_0}\right)$$

Legt man den Bezugspunkt ins „Unendliche“, $r_0 \to \infty$, so nimmt die Funktion für das Potenzial eines Punktes die einfachere Form an: 8

$$\boldsymbol{\varphi(r) = \frac{Q}{4\cdot\pi\cdot\varepsilon_0}\cdot\frac{1}{r}}$$

Zwischen den Punkten P_1 bzw. P_2 mit den Abständen r_1 bzw. r_2 vom Ladungszentrum besteht die Spannung: 9

$$\boldsymbol{U_{P_1,P_2} = \frac{Q}{4\cdot\pi\cdot\varepsilon_0}\cdot\left(\frac{1}{r_1}-\frac{1}{r_2}\right)}$$

Begründung:

$$U_{P_1,P_2} \overset{(\to 3|9)}{=} \varphi(r_1)-\varphi(r_2) = \frac{Q}{4\cdot\pi\cdot\varepsilon_0}\cdot\frac{1}{r_1} - \frac{Q}{4\cdot\pi\cdot\varepsilon_0}\cdot\frac{1}{r_2}$$

$$= \frac{Q}{4\cdot\pi\cdot\varepsilon_0}\cdot\left(\frac{1}{r_1}-\frac{1}{r_2}\right)$$

Das **elektrische Feld** einer den Ladungsbetrag Q tragenden **Metallkugel** vom Radius R stimmt für $r \geq R$ mit dem Feld einer Punktladung Q überein. Im Kugelinneren existiert, wie in allen Innenräumen von metallischen Körpern, kein elektrisches Feld. Daher gilt für den Betrag E(r) der **elektrischen Feldstärke** bzw. das auf einen unendlich weit entfernten Punkt bezogene **elektrische Potenzial** $\varphi(r)$: 10

$$E(r) = \begin{cases} \frac{Q}{4 \cdot \pi \cdot \varepsilon_0} \cdot \frac{1}{r^2}, & \text{für } r \geq R \\ 0, & \text{für } r < R \end{cases}$$

$$\varphi(r) = \begin{cases} \frac{Q}{4 \cdot \pi \cdot \varepsilon_0} \cdot \frac{1}{r}, & \text{für } r \geq R \\ \frac{Q}{4 \cdot \pi \cdot \varepsilon_0} \cdot \frac{1}{R}, & \text{für } r < R \end{cases}$$

Elektrisches Feld einer gleichmäßig geladenen Geraden

11 Im elektrischen Feld einer gleichmäßig geladenen Geraden g der linearen Ladungsdichte λ ist der Vektor der elektrischen Feldstärke senkrecht zu g je nach Ladungsvorzeichen auf g hin oder von g weggerichtet. Die Äquipotenzialflächen sind Zylindermäntel koaxial zu g.

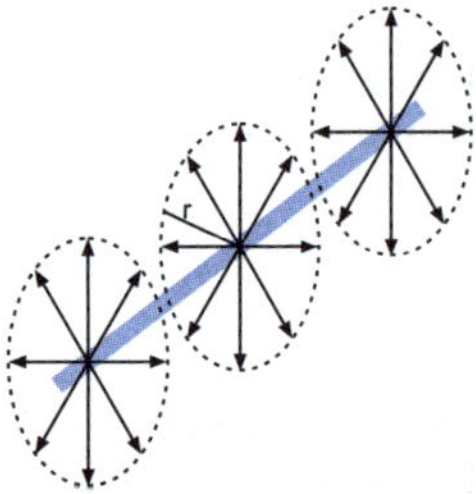

12 Im Abstand r von g gilt für den Betrag der elektrischen Feldstärke:

$$E(r) = \frac{\lambda}{2 \cdot \pi \cdot \varepsilon_0} \cdot \frac{1}{r}$$

Begründung: Auf jeder Seite eines koaxial um die Gerade gelegten Metallhohlzylinders vom Radius r und der Höhe h influenziert das Feld Ladungen vom Gesamtbetrag $Q = \lambda \cdot h$. Da der Zylinder die Mantelfläche

$$A = 2 \cdot r \cdot \pi \cdot h$$

besitzt, gilt für die Flächenladungsdichte D(r) in einem Punkt des Zylindermantels:

$$D(r) = \frac{Q}{A} = \frac{\lambda \cdot h}{2 \cdot r \cdot \pi \cdot h} = \frac{\lambda}{2 \cdot r \cdot \pi}$$

Aus der Grundgleichung $\vec{D} = \varepsilon_0 \cdot \vec{E}$ (→4|6) folgt hieraus die angegebene Beziehung für E(r).

Haben die Punkte P bzw. P_0 von der Geraden die Abstände r bzw. r_0, 13
so besitzt P bezüglich P_0 das Potenzial:

$$\varphi_{P_0,P} = \frac{\lambda}{2 \cdot \pi \cdot \varepsilon_0} \cdot \ln\left(\frac{r_0}{r}\right)$$

Begründung: Analog zu (→ 5|7) gilt:

$$\varphi_{P_0,P} = \int_r^{r_0} E(\rho)\, d\rho$$

Einsetzen von (→ 5|12) ergibt:

$$\varphi_{P_0,P} = \int_r^{r_0} \frac{\lambda}{2 \cdot \pi \cdot \varepsilon_0} \cdot \frac{1}{\rho}\, d\rho = \frac{\lambda}{2 \cdot \pi \cdot \varepsilon_0} \cdot [\ln \rho]_r^{r_0} = \frac{\lambda}{2 \cdot \pi \cdot \varepsilon_0} \ln\left(\frac{r_0}{r}\right)$$

Zwischen zwei Punkten P_1 bzw. P_2 mit den Abständen r_1 bzw. r_2 14
von der Geraden besteht die Spannung:

$$U_{P_1,P_2} = \frac{\lambda}{2 \cdot \pi \cdot \varepsilon_0} \cdot \ln\left(\frac{r_2}{r_1}\right)$$

Begründung:

$$U_{P_1,P_2} \overset{(\to 3|9)}{=} \varphi_{P_0,P_1} - \varphi_{P_0,P_2}$$

$$\overset{(\to 5|13)}{=} \frac{\lambda}{2 \cdot \pi \cdot \varepsilon_0} \ln\left(\frac{r_0}{r_1}\right) - \frac{\lambda}{2 \cdot \pi \cdot \varepsilon_0} \ln\left(\frac{r_0}{r_2}\right)$$

$$= \frac{\lambda}{2 \cdot \pi \cdot \varepsilon_0} \ln\left(\frac{r_2}{r_1}\right)$$

Ladungsdipol

Unter einem Ladungsdipol versteht man zwei dem Betrag nach gleiche und im Vorzeichen entgegengesetzte Punktladungen +Q und −Q, die im Abstand d voneinander platziert sind. 15

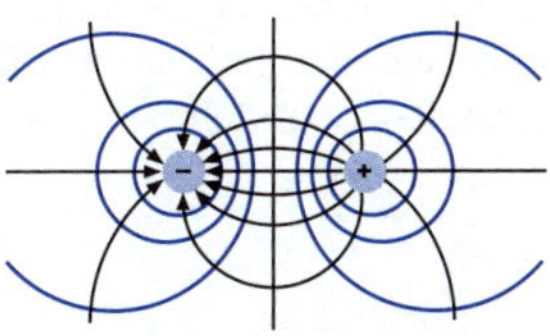

16 Aufwändigere Rechnungen unter Verwendung von (→ 5|6) und des Superpositionsprinzips für elektrische Felder (→ 2|8) zeigen, dass sich der Vektor $\vec{E}$ der elektrischen Feldstärke im Punkt P aus den Komponenten $\vec{E}_r$ und $\vec{E}_\vartheta$ zusammensetzt, wobei gilt:

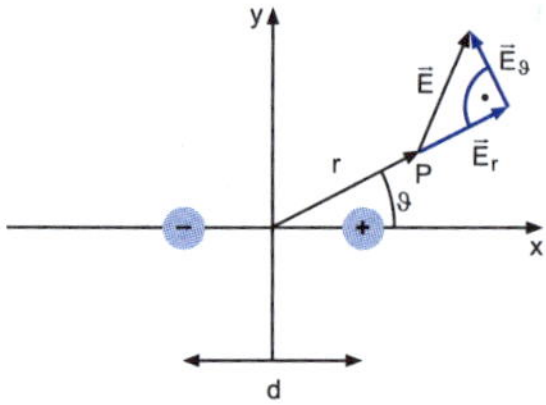

$$E_r = \frac{Q \cdot d}{2 \cdot \pi \cdot \varepsilon_0} \cdot \frac{\cos\vartheta}{r^3} \qquad E_\vartheta = \frac{Q \cdot d}{4 \cdot \pi \cdot \varepsilon_0} \cdot \frac{\sin\vartheta}{r^3}$$

17 Für das auf den unendlich fernen Punkt bezogene elektrische Potenzial des Punkts P findet man mithilfe des Superpositionsprinzip für elektrische Potenziale (→ 3|7) und (→ 5|7) nach einiger Rechnung:

$$\varphi(r) = \frac{Q \cdot d}{4 \cdot \pi \cdot \varepsilon_0} \cdot \frac{\cos\vartheta}{r^2}$$

6 Kondensatoren

1 Ein **Kondensator** ist ein **elektrisches Bauelement**, das in elektrischen Schaltungen zum **Speichern von Ladungen** verwendet wird. Er besteht aus zwei gegeneinander isolierten Metallkörpern beliebiger Form, die Ladungen gleichen Betrags aber unterschiedlichen Vorzeichens tragen. In Schaltskizzen wird er durch das Symbol ⊣⊢ dargestellt.

2 Die Erfahrung zeigt, dass der Ladungsbetrag Q auf einem der Körper proportional zur Spannung U zwischen ihnen ist. Die Proportionalitätskonstante, der Quotient aus Q und U, heißt **Kapazität**, wird mit C bezeichnet und ist ein Maß für das „Ladungsfassungsvermögen“ eines Kondensators:

$$C = \frac{Q}{U}$$

Ausgedrückt durch die SI-Basiseinheiten besitzt die **Kapazität** die 3
Einheit $\frac{A^2 \cdot s^4}{kg \cdot m^2}$. In der Praxis wird fast ausschließlich die abgeleitete Einheit **Farad (Einheitenzeichen F)** verwendet: $1 \text{ Farad} = \frac{1 \text{ Coulomb}}{1 \text{ Volt}}$

Bei einer 4

Reihenschaltung von Kondensatoren

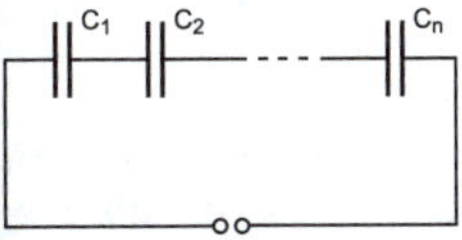

nimmt jeder Kondensator die gleiche Ladungsmenge Q auf.

Am i-ten Kondensator liegt die Spannung $U_i = \frac{Q}{C_i}$ an.

Für die Gesamtspannung U gilt einerseits

$$U = U_1 + ... + U_n = \frac{Q}{C_1} + ... + \frac{Q}{C_n},$$

andererseits $U = \frac{Q}{C_{ges}}$.

Parallelschaltung von Kondensatoren

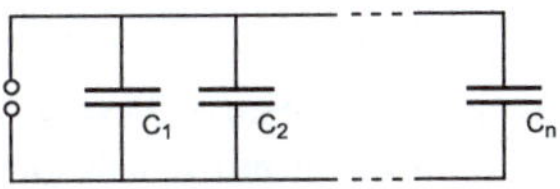

liegt an jedem Kondensator die gleiche Spannung U an.

Der i-te Kondensator nimmt die Ladungsmenge $Q_i = C_i \cdot U$ auf

Für die Gesamtladung Q gilt einerseits

$$Q = Q_1 + \ldots + Q_n = C_1 \cdot U + \ldots + C_n \cdot U,$$

andererseits $Q = C_{ges} \cdot U$.

Daher gilt für die Gesamtkapazität C_{ges} aller Kondensatoren:

$$\mathbf{\frac{1}{C_{ges}} = \frac{1}{C_1} + \frac{1}{C_2} + ... + \frac{1}{C_n}}$$

Die Gesamtkapazität ist kleiner als die kleinste Einzelkapazität.

$$\mathbf{C_{ges} = C_1 + C_2 + \ldots + C_n}$$

Die Gesamtkapazität ist größer als die größte Einzelkapazität.

5 Ein **Plattenkondensator** besteht aus zwei parallelen, gleich großen, isolierten Metallplatten der Fläche A, die im Abstand d einander genau gegenüberstehen. Er besitzt die Kapazität:

$$\mathbf{C = \varepsilon_0 \cdot \frac{A}{d}}$$

Begründung:

$$C \overset{(\to 6|2)}{=} \frac{Q}{U} \overset{(\to 4|3)}{=} \frac{D \cdot A}{U} \overset{(\to 5|3)}{=} \frac{D \cdot A}{E \cdot d} \overset{(\to 4|6)}{=} \frac{\varepsilon_0 \cdot E \cdot A}{E \cdot d} = \varepsilon_0 \cdot \frac{A}{d}$$

6 Ein **Kugelkondensator** besteht aus zwei konzentrisch angeordneten Metallhohlkugeln mit den Radien R und r, R > r. Er besitzt die Kapazität:

$$\mathbf{C = 4 \cdot \pi \cdot \varepsilon_0 \cdot \frac{R \cdot r}{R - r}}$$

Begründung:

$$C \overset{(\to 6|2)}{=} \frac{Q}{U} \overset{(\to 5|9)}{=} \frac{Q}{\frac{Q}{4 \cdot \pi \cdot \varepsilon_0} \cdot \left(\frac{1}{r} - \frac{1}{R}\right)} = \frac{4 \cdot \pi \cdot \varepsilon_0}{\left(\frac{1}{r} - \frac{1}{R}\right)} = 4 \cdot \pi \cdot \varepsilon_0 \cdot \frac{R \cdot r}{R - r}$$

7 Eine isolierte **Kugel** vom Radius r besitzt die Kapazität:

$$\mathbf{C = 4 \cdot \pi \cdot \varepsilon_0 \cdot r}$$

Begründung:

$$C \overset{(\to 6|2)}{=} \frac{Q}{U} \overset{(\to 5|9)}{=} \frac{Q}{\frac{Q}{4 \cdot \pi \cdot \varepsilon_0} \cdot \left(\frac{1}{r} - \frac{1}{R}\right)} = \frac{4 \cdot \pi \cdot \varepsilon_0}{\left(\frac{1}{r} - \frac{1}{R}\right)} \overset{R \to \infty}{=} 4 \cdot \pi \cdot \varepsilon_0 \cdot r$$

8 Ein **Zylinderkondensator** besteht aus zwei isolierten, koaxial angeordneten Metallhohlzylindern mit den Radien R und r, R > r, und der gemeinsamen Höhe h. Er besitzt die Kapazität:

$$\mathbf{C = \frac{2 \cdot \pi \cdot \varepsilon_0 \cdot h}{\ln \frac{R}{r}}}$$

Begründung:

$$C \overset{(\to 6|2)}{=} \frac{Q}{U} \overset{(\to 5|14)}{=} \frac{\lambda \cdot h}{\frac{\lambda}{2\cdot\pi\cdot\varepsilon_0}\ln\left(\frac{R}{r}\right)} = \frac{2\cdot\pi\cdot\varepsilon_0\cdot h}{\ln\left(\frac{R}{r}\right)}$$

7 Das elektrische Feld als Energiespeicher

In einem geladenen **Kondensator** ist **elektrische Energie gespeichert**. Ihr Betrag E_{el} lässt sich durch jeweils zwei der drei Größen Q, U, C ausdrücken: 1

a) $\mathbf{E_{el} = \frac{1}{2}\cdot\frac{Q^2}{C}}$ b) $\mathbf{E_{el} = \frac{1}{2}\cdot C\cdot U^2}$ c) $\mathbf{E_{el} = \frac{1}{2}\cdot Q\cdot U}$

Dabei bezeichnen
Q den Betrag der Ladung auf einem Kondensatorbeleg;
U die Spannung zwischen den Kondensatorbelegen;
C die Kapazität des Kondensators.

Begründung: Entlädt man den Kondensator vollständig über einem ohmschen Widerstand, so entspricht die dabei vom Entladestrom verrichtete Stromarbeit W_{el} der im Kondensator gespeicherten elektrischen Energie E_{el}:

$$E_{el} = W_{el} \overset{(\to 16|7)}{=} \int_0^\infty U(t)\cdot I(t)\,dt \overset{(\to 6|2)}{=} \int_0^\infty \frac{Q(t)}{C}\cdot(-\dot{Q}(t))\,dt$$

$$= \frac{1}{2}\left[\frac{Q^2(t)}{-C}\right]_0^\infty = -\frac{1}{C}\cdot\left(\frac{1}{2}\cdot Q^2(\infty) - \frac{1}{2}\cdot Q^2(0)\right)$$

$$= -\frac{1}{C}\cdot\left(0 - \frac{1}{2}\cdot Q^2\right) = \frac{1}{2}\cdot\frac{Q^2}{C}$$

Ersetzt man in dieser Beziehung Q^2 durch $(C\cdot U)^2$ bzw. durch $Q\cdot(C\cdot U)$, so erhält man die Beziehungen b bzw. c.

2 In einem von einem homogenen, elektrischen **Feld** der Feldstärke $\vec{E}$ bzw. der elektrischen Verschiebungsdichte $\vec{D}$ durchsetzten Volumen V ist die **elektrische Energie E_{el}**

d) $\mathbf{E_{el} = \frac{1}{2} \cdot \varepsilon_0 \cdot E^2 \cdot V}$ bzw. $\mathbf{E_{el} = \frac{1}{2} \cdot E \cdot D \cdot V}$

gespeichert.

Begründung: Ersetzt man in der Beziehung (→ 7|1b) C und U durch die entsprechenden Beziehungen für den Plattenkondensator $C = \varepsilon_0 \cdot \frac{A}{d}$ (→ 6|5), $U = E \cdot d$ (→ 5|3), so erhält man:

$$E_{el} = \frac{1}{2} \cdot \varepsilon_0 \cdot E^2 \cdot A \cdot d$$

$A \cdot d$ ist das in einem Plattenkondensator vom homogenen Feld durchsetzte Volumen V. Die Beziehung (→ 7|2e) ergibt sich aus (→ 7|2d) mithilfe der Grundgleichung (→ 4|6) $D = \varepsilon_0 \cdot E$.

3 Der Sachverhalt, dass das **elektrische Feld** – auch **losgelöst von Materie** – **Träger von Energie** ist, kommt in den Beziehungen (→ 7|2d) und (→ 7|2e) zum Ausdruck, weil die im Volumen V gespeicherte elektrische Energie nur durch die dort messbaren Feldgrößen $\vec{E}$ und $\vec{D}$ beschrieben wird und nicht durch Größen, welche die materiellen Felderzeuger charakterisieren.

4 Unter der **Energiedichte** ρ_{el} eines elektrischen Felds versteht man die auf die Volumeneinheit entfallende Energie $\frac{E_{el}}{V}$. Für ein homogenes elektrisches Feld gilt nach (→ 7|2d) bzw. (→ 7|2e):

$\mathbf{\rho_{el} = \frac{1}{2} \cdot \varepsilon_0 \cdot E^2}$ bzw. $\mathbf{\rho_{el} = \frac{1}{2} \cdot E \cdot D}$

Die Erfahrung zeigt, dass diese Beziehungen auch **für beliebige elektrische Felder** gelten.

5 Mittels der Beziehung (→ 7|2e) lässt sich zeigen, dass **eine Platte** eines Plattenkondensators **die andere** mit einer **Kraft** vom Betrag

$$\mathbf{F = \frac{1}{2} \cdot E \cdot Q}$$

anzieht.

Begründung: Vergrößert man bei einem geladenen, von der Spannungsquelle getrennten Kondensator den Abstand der Platten von d auf $d + \Delta d$, so führt die hierbei aufgewandte mechanische Arbeit $\Delta W = F \cdot \Delta d$ zu einer Zunahme $\Delta E_{el} = \frac{1}{2} \cdot E \cdot D \cdot \Delta V$ der im Feld gespeicherten elektrischen Energie.

$$\Delta W = \Delta E_{el} \quad \Rightarrow \quad F \cdot \Delta d = \frac{1}{2} \cdot E \cdot D \cdot \Delta V = \frac{1}{2} \cdot E \cdot D \cdot A \cdot \Delta d$$

$$\Rightarrow \quad F = \frac{1}{2} \cdot E \cdot D \cdot A = \frac{1}{2} \cdot E \cdot Q$$

8 Materie im elektrischen Feld

Ein elektrisches Feld verschiebt in einem eingebrachten **Leiter** Elektronen so lange, bis das Leiterinnere feldfrei ist. Außerhalb des Leiters kann es zu Verzerrungen des ursprünglichen Felds kommen, da dessen Feldlinien auf der Leiteroberfläche senkrecht stehen. 1

Bringt man einen **Isolator** in ein elektrisches Feld, wird er **polarisiert**, d. h. auf seinen Außenflächen treten Ladungen auf. Diese Polarisationsladungen lassen sich durch Erden nicht beseitigen. 2

Modellhaft führt man die Polarisation auf zwei Vorgänge im atomaren Bereich zurück (siehe Abbildung). 3
Bei **unpolaren** Atomen oder Molekülen fallen die Ladungsschwerpunkte für die negative und die positive Gesamtladung zusammen. Im elektrischen Feld werden sie getrennt. Man spricht von **Verschiebungspolarisation**.
Polare Moleküle weisen aufgrund eines unsymmetrischen Aufbaus permanent getrennte Ladungsschwerpunkte auf. Deren Verbindungsachse richtet sich in einem elektrischen Feld parallel zur Feldrichtung aus. Man spricht von **Orientierungspolarisation**. Bei Stoffen mit Orientierungspolarisation tritt zusätzlich auch immer Verschiebungspolarisation auf.

Bei beiden Polarisationsarten entstehen an der Oberfläche des Isolators unbewegliche Ladungen (siehe Abbildung). Der Isolator als makroskopischer Körper bleibt dabei elektrisch neutral. In seinem Inneren gibt es keinen Volumensbereich mit Überschussladung.

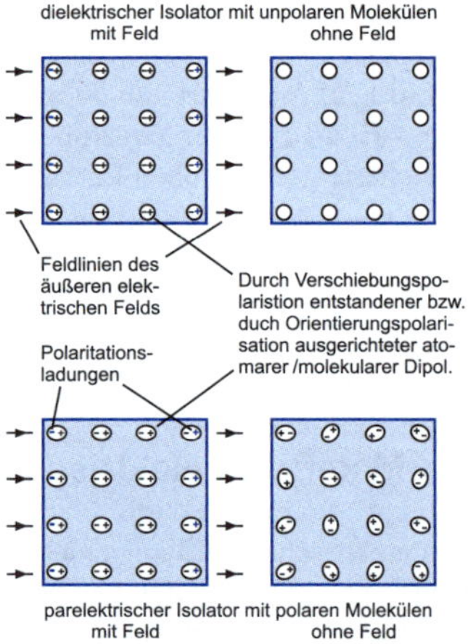

4 Stoffe, bei denen nur **Verschiebungspolarisation** auftritt, nennt man **dielektrisch**. Stoffe, bei denen auch **Orientierungspolarisation** zu beobachten ist, heißen **parelektrisch**.
Die **Orientierungspolarisation** ist im Gegensatz zur Verschiebungspolarisation **temperaturabhängig**, weil mit steigender Temperatur und zunehmender Wärmebewegung der Ausrichtungsgrad der Moleküle sinkt.

5 Das von den Polarisationsladungen erzeugte elektrische Feld (Feldstärke E_{pol}) ist dem äußeren Feld (Feldstärke E_{vak}) entgegengerichtet. Aus der Superposition beider Felder resultiert das Feld im Isolatorinneren (Feldstärke E_{mat}).
Es hat die gleiche Richtung wie das äußere, aber einen kleineren Betrag.

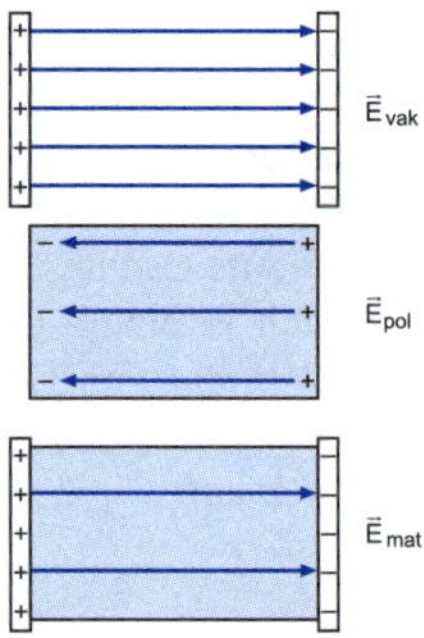

Isolatoren in elektrischen Feldern werden meist als **Dielektrika** bezeichnet. Die Erfahrung zeigt, dass die Kapazität C_{mat} eines mit einem Dielektrikum gefüllten Kondensators stets größer ist als die Kapazität C_{vak} des leeren Kondensators. Der Quotient 6

$$\varepsilon_r := \frac{C_{mat}}{C_{vak}}$$

heißt **relative Dielektrizitätskonstante** des Dielektrikums. ε_r ist eine benennungslose Größe, die stets größer als 1 ist. Mit ihr beschreibt man quantitativ, wie sich die Polarisation eines Dielektrikums auf die feldbeschreibende Größen auswirkt.

Unter **ferroelektrischen Stoffen** versteht man Isolatoren, die sich im elektrischen Feld wie ferromagnetische Stoffe im Magnetfeld (→ 23|7, → 23|8) verhalten und außerordentlich große Dielektrizitätszahlen (bis 10 000) aufweisen. 7

9 Spezielle Plattenkondensatorschaltungen

Für die Kapazität C_{mat} eines vollständig mit Dielektrikum der relativen Dielektrizitätskonstante ε_r gefüllten Plattenkondensators gilt (→ 6|5 und → 8|6): 1

$$C_{mat} = \varepsilon_r \cdot \varepsilon_0 \cdot \frac{A}{d}$$

Bei einem nur teilweise mit Dielektrikum gefüllten Plattenkondensator denkt man sich an der Grenzschicht zwischen Dielektrikum und Luft Metallplatten eingeschoben, die so dünn sind, dass sie nichts an der Kapazität ändern. So gelangt man zu einer **Ersatzschaltung**, deren Gesamtkapazität mit (→ 9|1) und (→ 6|4) berechnet werden kann. Für einen Plattenkondensator mit quadratischen Platten der Seitenlänge a und Plattenabstand d gilt z. B.: 2

$$\frac{1}{C_{ges}} = \frac{1}{C_1} + \frac{1}{C_2} + \frac{1}{C_3}$$

$$= \frac{1}{\varepsilon_0 \cdot \frac{a^2}{d_1}} + \frac{1}{\varepsilon_0 \cdot \varepsilon_r \cdot \frac{a^2}{d_2}} + \frac{1}{\varepsilon_0 \cdot \frac{a^2}{d_3}}$$

$$= \frac{1}{\varepsilon_0 \cdot a^2} \cdot \frac{(d_1 + d_3) \cdot \varepsilon_r + d_2}{\varepsilon_r}$$

$$\Rightarrow \quad C_{ges} = \frac{\varepsilon_0 \cdot \varepsilon_r \cdot a^2}{(d_1 + d_3) \cdot \varepsilon_r + d_2}$$

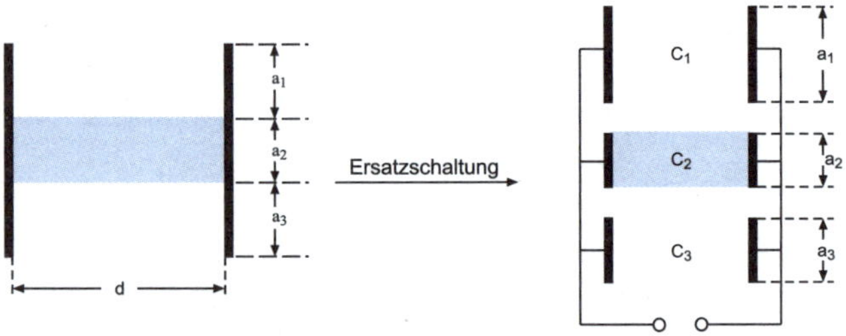

$$C_{ges} = C_1 + C_2 + C_3$$

$$= \frac{\varepsilon_0 \cdot a \cdot a_1}{d} + \frac{\varepsilon_0 \cdot \varepsilon_r \cdot a \cdot a_2}{d} + \frac{\varepsilon_0 \cdot a \cdot a_3}{d}$$

$$= \frac{\varepsilon_0 \cdot a}{d} \cdot (a_1 + \varepsilon_r \cdot a_2 + a_3)$$

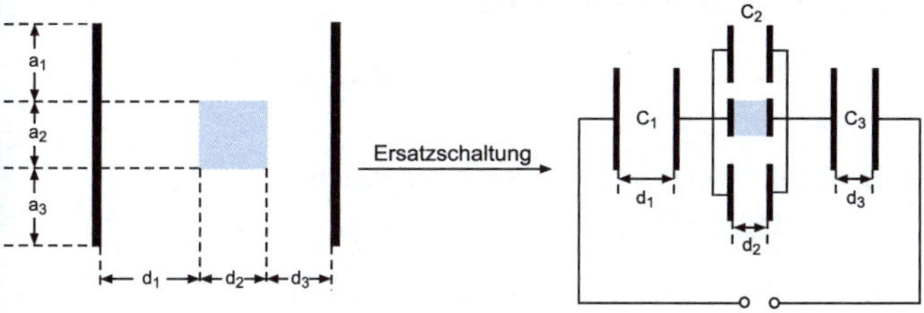

$$\frac{1}{C_{ges}} = \frac{1}{\varepsilon_0 \cdot \frac{a^2}{d_1}} + \frac{1}{\frac{\varepsilon_0 \cdot a}{d_2} \cdot (a_1 + \varepsilon_r \cdot a_2 + a_3)} + \frac{1}{\varepsilon_0 \cdot \frac{a^2}{d_3}}$$

$$\Rightarrow \quad C_{ges} = \frac{\varepsilon_0 \cdot a^2 \cdot (a_1 + \varepsilon_r \cdot a_2 + a_3)}{(d_1 + d_3) \cdot (a_1 + \varepsilon_r \cdot a_2 + a_3) + a \cdot d_2}$$

Ob und wie sich Größen beim **Füllen des Zwischenraums eines Plattenkondensators mit einem Dielektrikum** ändern, hängt davon ab, ob der Kondensator beim Füllvorgang mit der Spannungsquelle verbunden bleibt. Indiziert man die Größen des materiefreien bzw. mit Dielektrikum der relativen Dielektrizitätskonstante ε_r gefüllten Kondensators mit vak bzw. mat, so gilt: 3

	Der Kondensator wird **von** der **Spannungsquelle abgetrennt**.	Der Kondensator bleibt **mit der Spannungsquelle verbunden**.
a) Kapazität	$C_{mat} = \varepsilon_r \cdot C_{vak}$	$C_{mat} = \varepsilon_r \cdot C_{vak}$
b) Ladungsbetrag auf einer Platte	$Q_{mat} = Q_{vak}$	$Q_{mat} = \varepsilon_r \cdot Q_{vak}$
c) Betrag der Spannung zwischen den Platten	$U_{mat} = \frac{1}{\varepsilon_r} \cdot U_{vak}$	$U_{mat} = U_{vak}$

d) Betrag der elektrischen Feldstärke

$E_{mat} = \frac{1}{\varepsilon_r} \cdot E_{vak}$	$E_{mat} = E_{vak}$

e) Betrag der elektrischen Verschiebungsdichte

$D_{mat} = D_{vak}$	$D_{mat} = \varepsilon_r \cdot D_{vak}$

f) Betrag der Kraft, die eine Kondensatorplatte auf die andere ausübt

$F_{mat} = \frac{1}{\varepsilon_r} \cdot F_{vak}$	$F_{mat} = \varepsilon_r \cdot F_{vak}$

g) Energiedichte

$\rho_{mat} = \frac{1}{\varepsilon_r} \cdot \rho_{vak}$	$\rho_{mat} = \varepsilon_r \cdot \rho_{vak}$

4 Bei der Darstellung von **Größen des materiefreien Plattenkondensators als Funktion des Plattenabstands x** ist ebenfalls darauf zu achten, ob der Kondensator mit der Spannungsquelle verbunden bleibt oder von ihr getrennt wird.

Der Kondensator wird **von** der **Spannungsquelle abgetrennt**.	Der Kondensator bleibt **mit der Spannungsquelle verbunden**.

a) Kapazität

$C(x) = \varepsilon_0 \cdot A \cdot \frac{1}{x}$	$C(x) = \varepsilon_0 \cdot A \cdot \frac{1}{x}$

b) Ladungsbetrag auf einer Platte

$Q(x) = Q = \text{konst.}$	$Q(x) = \varepsilon_0 \cdot A \cdot U \cdot \frac{1}{x}$

c) Betrag der Spannung zwischen den Platten

$U(x) = \frac{Q}{\varepsilon_0 \cdot A} \cdot x$	$U(x) = U = \text{konst.}$

d) Betrag der elektrischen Feldstärke

$E(x) = \dfrac{Q}{\varepsilon_0 \cdot A} = \text{konst.}$	$E(x) = U \cdot \dfrac{1}{x}$

e) Betrag der elektrischen Verschiebungsdichte

$D(x) = \dfrac{Q}{A} = \text{konst.}$	$D(x) = \varepsilon_0 \cdot U \cdot \dfrac{1}{x}$

f) Betrag der Kraft, die eine Kondensatorplatte auf die andere ausübt

$F(x) = \dfrac{Q^2}{2 \cdot \varepsilon_0 \cdot A} = \text{konst.}$	$F(x) = \dfrac{\varepsilon_0 \cdot U^2 \cdot A}{2} \cdot \dfrac{1}{x^2}$

g) Energiedichte

$\rho(x) = \dfrac{Q^2}{2 \cdot \varepsilon_0 \cdot A^2} = \text{konst.}$	$\rho(x) = \dfrac{\varepsilon_0 \cdot U^2}{2} \cdot \dfrac{1}{x^2}$

Wird der Plattenabstand eines materiefreien Plattenkondensators von 5
d_1 auf d_2 verändert, so wird dabei die mechanische Arbeit $\int_{d_1}^{d_2} F(x)\,dx$ verrichtet.
Dabei bezeichnet F(x) den Betrag der Kraft, die eine Kondensatorplatte auf die andere ausübt. Wir unterscheiden die Fälle:

Der Kondensator wird **von** der **Spannungsquelle abgetrennt**.	Der Kondensator bleibt **mit der Spannungsquelle verbunden**
$W_{mech} = \frac{1}{2} \cdot \frac{Q^2}{A \cdot \varepsilon_0} \cdot \int_{d_1}^{d_2} dx$	$W_{mech} = \frac{\varepsilon_0 \cdot U^2 \cdot A}{2} \cdot \int_{d_1}^{d_2} \frac{1}{x^2}\,dx$
$= \frac{1}{2} \cdot \frac{Q^2}{A \cdot \varepsilon_0} \cdot (d_2 - d_1)$	$= \frac{\varepsilon_0 \cdot U^2 \cdot A}{2} \cdot \left(\frac{1}{d_1} - \frac{1}{d_2}\right)$

Die im Kondensator gespeicherte elektrische Energie E_{el} ändert sich dabei um ΔE_{el}:

$$\Delta E_{el} = \frac{1}{2} \cdot \frac{Q^2}{C_2} - \frac{1}{2} \cdot \frac{Q^2}{C_1} = \frac{1}{2} \cdot \frac{Q^2}{A \cdot \varepsilon_0} \cdot (d_2 - d_1) = W_{mech}$$

$$\Delta E_{el} = \frac{1}{2} \cdot C_2 \cdot U^2 - \frac{1}{2} \cdot C_1 \cdot U^2 = \frac{\varepsilon_0 \cdot U^2 \cdot A}{2} \cdot \left(\frac{1}{d_2} - \frac{1}{d_1} \right) = -W_{mech}$$

Vergrößert man z. B. den Plattenabstand von d_1 auf d_2, so wird die von außen her zugeführte mechanische Energie W_{mech}

als elektrische Energie im elektrischen Feld des Plattenzwischenraums gespeichert. Der Energieinhalt der Spannungsquelle ändert sich nicht, sie war ja abgeklemmt.

und zusätzlich ein gleich großer Energiebetrag, der ursprünglich im elektrischen Feld des Kondensators gespeichert war, an die Spannungsquelle abgegeben. Ihr Energieinhalt nimmt zu.

10 Ladungsquantelung

1 Unter **Ladungsquantelung** versteht man die Tatsache, dass jede in der Natur vorkommende elektrische Ladung stets ein **ganzzahliges Vielfaches einer kleinsten Ladung** ist. Diese Ladung heißt Elementarladung und wird mit e bezeichnet.

2 Bereits 1881 berechnete Helmholtz den Wert der **Elementarladung mithilfe der Faraday'schen Gesetze der Elektrolyse**.
Da 1 kmol eines Stoffes $6{,}0220 \cdot 10^{26}$ Teilchen enthält, bei der elektrolytischen Abscheidung dieser Stoffmenge nach dem 2. Faraday'schen Gesetz (→ 13|3) die Ladung $Q = z \cdot 9{,}6485 \cdot 10^7$ C transportiert wird und nach dem 1. Faraday'schen Gesetz (→ 13|3) diese Ladung gleichmäßig auf die Teilchen verteilt ist, müsste ein z-wertiges Ion die Ladung

$$\frac{z \cdot 9{,}6485 \cdot 10^7 \text{ C}}{6{,}0220 \cdot 10^{26}} = z \cdot 1{,}6022 \cdot 10^{-19} \text{ C}$$

tragen. Die Elementarladung hätte demnach den Betrag

$$e = 1{,}6022 \cdot 10^{-19} \text{ C}.$$

Diese **Überlegung** taugt jedoch **nicht** als **Existenzbeweis** für die 3
Elementarladung, da es sich bei dem ermittelten Ladungswert um einen aus vielen verschiedenen Teilchenladungen gebildeten Mittelwert handeln könnte.

Dem 1910 von **Millikan** erbrachten stichhaltigen, 4
experimentellen Beweis liegt folgende Idee zugrunde. In den Zwischenraum eines Kondensators mit horizontalen Platten werden winzige, geladene Öltröpfchen geblasen, die bei seitlicher Beleuchtung in einem Mikroskop sichtbar sind. Liegt am Kondensator eine nach Betrag und Polung passende Spannung, schwebt ein Öltröpfchen, weil seine nach unten wirkende Gewichtskraft durch eine betragsgleiche elektrische Kraft nach oben kompensiert wird. Aus der Kräftebilanz

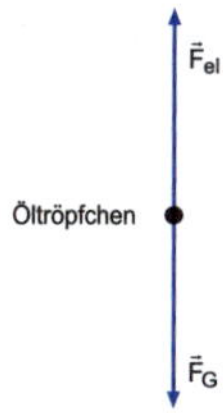

$$\left|\vec{F}_{el}\right| = \left|\vec{F}_G\right|$$

erhält man für die Tröpfchenladung

$$\mathbf{q = \frac{4 \cdot \pi \cdot r^3 \cdot \rho_{Öl} \cdot g \cdot d}{3 \cdot U}},$$

wobei r den Tröpfchenradius, $\rho_{Öl}$ die Dichte des Öls, d den Abstand der Kondensatorplatten, U den Betrag der Spannung zwischen den Platten, g die Fallbeschleunigung bezeichnen.

Begründung: Mit $m = \rho_{Öl} \cdot V = \rho_{Öl} \cdot \frac{4}{3} \cdot r^3 \cdot \pi$ folgt:

$$\left|\vec{F}_{el}\right| = \left|\vec{F}_G\right|$$

$$q \cdot E = m \cdot g$$

$$q \cdot \frac{U}{d} = \rho_{Öl} \cdot \frac{4}{3} \cdot r^3 \cdot \pi \cdot g$$

Weil wegen der Brown'schen Molekularbewegung der Öltröpfchen 5
der Spannungswert U für den Schwebefall und der Tröpfchenradius r bei direkter mikroskopischer Messung nicht mit hinreichender Genauigkeit bestimmt werden können, lässt sich mit den aus (→ 10|4) ermittelten Tröpfchenladungen die Ladungsquantelung nicht nachweisen.

6 Diese Schwierigkeiten lassen sich umgehen, wenn man ein Tröpfchen im Plattenzwischenraum bei fest eingestellter Spannung durch Umpolen der Kondensatorplatten steigen und fallen lässt und die zugehörigen Geschwindigkeiten v_{steig} und v_{sink} misst. Dann ergibt sich die Tröpfchenladung q zu

$$|q| = \frac{9}{2} \cdot \pi \cdot \sqrt{\frac{d^2 \cdot \eta^3}{(\rho_{Öl} - \rho_L) \cdot g}} \cdot \frac{1}{U} (v_{sink} + v_{steig}) \cdot \sqrt{v_{sink} - v_{steig}},$$

wobei zusätzlich zu den Bezeichnungen in (→ 10|4) ρ_L bzw. η für die Dichte bzw. Viskosität der Luft im Plattenzwischenraum stehen.

Begründung: Auf das Tröpfchen wirken

- die elektrische Kraft $\vec{F}_{el}$ mit $|\vec{F}_{el}| = q \cdot \frac{U}{d}$;
- die Gewichtskraft $\vec{F}_G$ mit $|\vec{F}_G| = \rho_{Öl} \cdot \frac{4}{3} \cdot r^3 \cdot \pi \cdot g$;
- die Auftriebskraft $\vec{F}_A$ mit $|\vec{F}_A| = \rho_L \cdot \frac{4}{3} \cdot r^3 \cdot \pi \cdot g$;
- die Stokes'sche Reibungskraft $\vec{F}_S$ mit $|\vec{F}_S| = 6 \cdot \pi \cdot \eta \cdot r \cdot v$.

Ist das Tröpfchen z. B. negativ geladen, so

steigt es mit konstantem Geschwindigkeitsbetrag v_{steig},

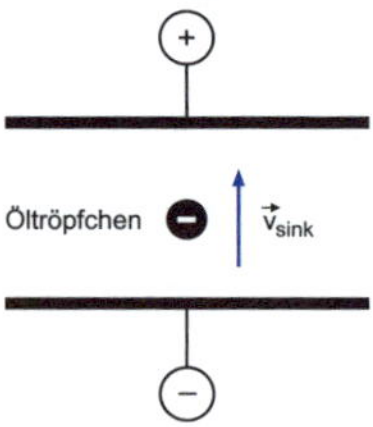

wenn $|\vec{F}_{el} + \vec{F}_A| = |\vec{F}_S + \vec{F}_G|$.

sinkt es mit konstantem Geschwindigkeitsbetrag v_{sink},

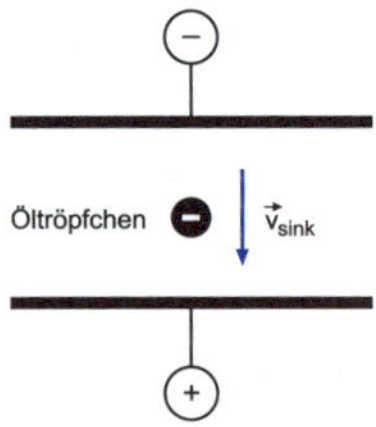

wenn $|\vec{F}_{el} + \vec{F}_G| = |\vec{F}_S + \vec{F}_A|$.

Daraus folgt:

$$|q| \cdot \frac{U}{d} + \rho_L \cdot \frac{4}{3} \cdot r^3 \cdot \pi \cdot g = 6 \cdot \pi \cdot \eta \cdot r \cdot v_{steig} + \rho_{Öl} \cdot \frac{4}{3} \cdot r^3 \cdot \pi \cdot g \quad (2)$$

$$|q| \cdot \frac{U}{d} + \rho_{Öl} \cdot \frac{4}{3} \cdot r^3 \cdot \pi \cdot g = 6 \cdot \pi \cdot \eta \cdot r \cdot v_{sink} + \rho_L \cdot \frac{4}{3} \cdot r^3 \cdot \pi \cdot g \quad (3)$$

Addiert man Gleichung (3) zu Gleichung (2), so erhält man:

$$2 \cdot |q| \cdot \frac{U}{d} = 6 \cdot \pi \cdot \eta \cdot r \cdot (v_{steig} + v_{sink}) \qquad (4)$$

Subtrahiert man Gleichung (3) von Gleichung (2), so erhält man:

$$0 = 6 \cdot \pi \cdot \eta \cdot r \cdot (v_{steig} - v_{sink}) + 2 \cdot (\rho_{Öl} - \rho_L) \cdot \frac{4}{3} \cdot r^3 \cdot \pi \cdot g \qquad (5)$$

Die Beziehung (→ 10|6) erhält man, wenn man Gleichung (4) nach r auflöst und in Gleichung (5) einsetzt.
Die mit der Beziehung (→ 10|6) berechneten Tröpfchenladungen erweisen sich alle als **ganzzahlige Vielfache der Elementarladung**.

Bei einer Variante des Millikanexperiments, der so genannten **Umlademethode**, misst man für ein Öltröpfchen $\vec{v}_{steig}$ und $\vec{v}_{sink}$ und setzt es dann im Millikankondensator so lange einer ionisierenden Strahlung aus bis es einen anderen Ladungswert annimmt. Anschließend misst man erneut die geänderten Steig- bzw. Sinkgeschwindigkeiten $\vec{v}'_{steig}$ bzw. $\vec{v}'_{sink}$. Der Quotient 7

$$\frac{(v_{sink} + v_{steig}) \cdot \sqrt{v_{sink} - v_{steig}}}{(v'_{sink} + v'_{steig}) \cdot \sqrt{v'_{sink} - v'_{steig}}}$$

ist dann stets das Verhältnis zweier natürlicher Zahlen $\frac{n}{n'}$.

Begründung:

$$\frac{n}{n'} = \frac{n \cdot e}{n' \cdot e}$$

$$\overset{(\rightarrow 10|6)}{=} \frac{\frac{9}{2} \cdot \pi \cdot \sqrt{\frac{d^2 \cdot \eta^3}{(\rho_{Öl} - \rho_L) \cdot g}} \cdot \frac{1}{U} (v_{sink} + v_{steig}) \cdot \sqrt{v_{sink} - v_{steig}}}{\frac{9}{2} \cdot \pi \cdot \sqrt{\frac{d^2 \cdot \eta^3}{(\rho_{Öl} - \rho_L) \cdot g}} \cdot \frac{1}{U} (v'_{sink} + v'_{steig}) \cdot \sqrt{v'_{sink} - v'_{steig}}}$$

$$= \frac{(v_{sink} + v_{steig}) \cdot \sqrt{v_{sink} - v_{steig}}}{(v'_{sink} + v'_{steig}) \cdot \sqrt{v'_{sink} - v'_{steig}}}$$

Elektrizitätsleitung

11 Strom und Stromstärke

Jede geordnete Bewegung von elektrischen Ladungen wird als **elektrischer Strom** bezeichnet. Ein elektrischer Strom, dessen Richtung sich nicht ändert, heißt **Gleichstrom**. Ein Gleichstrom konstanter Stärke heißt **stationärer Strom**. 1

Als **Stromrichtung** wurde (im 19. Jahrhundert, in Unkenntnis der Tatsache, dass der elektrische Strom in Leitern durch Elektronen bewirkt wird) die Richtung definiert, in die sich positive Ladungsträger bewegen würden. Elektrischer Strom fließt in einem geschlossenen Stromkreis also **vom Plus- zum Minuspol** der Stromquelle. 2

Unter der **Stärke I eines stationären Stroms** versteht man den Quotienten aus der Ladung Q, die in der Zeit t durch den Leiterquerschnitt fließt, und der Zeit t: 3

$$I := \frac{Q}{t}$$

Das Zeit-Ladungs-Diagramm eines stationären Stroms der Stärke I ist eine Ursprungsgerade mit der Steigung I, wenn die Ladungsmessung zum Zeitpunkt t = 0 s bei 0 C beginnt (Bild A). 4

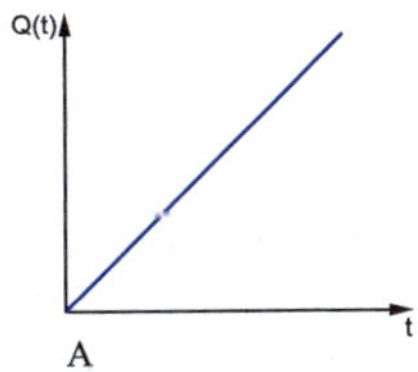

A

Die von einem stationären Strom der Stärke I in der Zeit t_0 durch den Leiterquerschnitt transportierte Ladungsmenge Q entspricht in einem Zeit-Stromstärke-Diagramm dem Flächeninhalt eines Rechtecks mit den Seiten I und t_0: $Q = I \cdot t_0$ (Bild B).

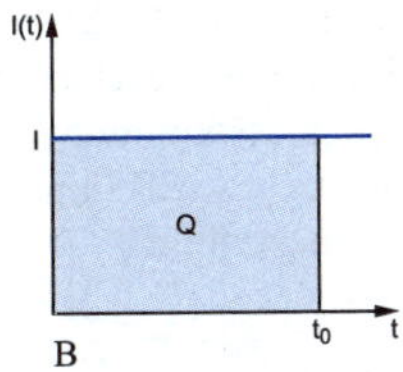

B

5 Unter der Stärke I(t) eines nicht stationären Stroms in einem Leiter zum Zeitpunkt t versteht man den Quotienten aus der Ladungsmenge ΔQ, die zwischen den Zeitpunkten t und $t + \Delta t$ durch den Leiterquerschnitt fließt, und der Zeitspanne Δt unter der Maßgabe, dass $\Delta t \to 0$:

$$\mathbf{I(t) := \lim_{\Delta t \to 0} \frac{\Delta Q}{\Delta t}}$$

6 Die Stromstärke I(t) eines nicht stationären Stroms ist die Ableitung der Zeit-Ladungs-Funktion nach der Zeit,

$$\mathbf{I(t) = \dot{Q}(t),}$$

und lässt sich grafisch als Steigung $\frac{y_0}{x_0}$ der Tangente an den Graphen der Zeit-Ladungs-Funktion Q(t) deuten (Bild C).
Die in der Zeitspanne $t_2 - t_1$ durch den Leiterquerschnitt von einem Strom der Stärke I(t) transportierte Ladungsmenge Q entspricht dem Inhalt der vom Graphen der Funktion I(t), der t-Achse und den beiden Geraden $x = t_2$ und $x = t_1$ begrenzten Fläche (Bild D):

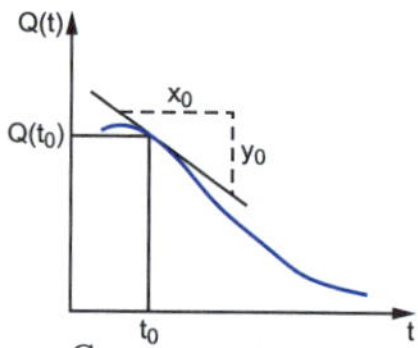

C

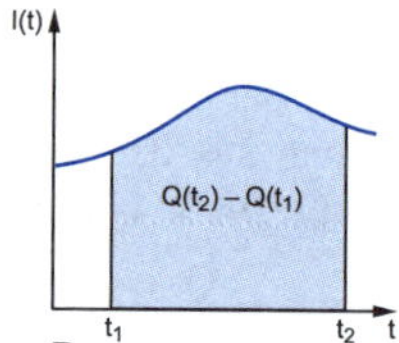

D

$$\mathbf{Q = \int_{t_1}^{t_2} I(t)\, dt}$$

7 Die **Einheit der Stromstärke** ist das **Ampere (Einheitenzeichen A)**. Das Ampere ist eine Basisgröße des SI-Systems.

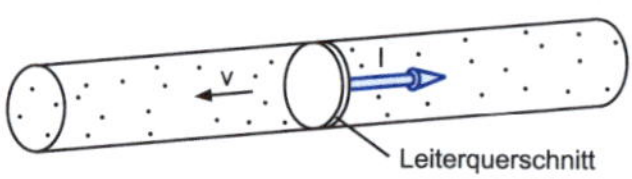

Seine genaue Definition beruht auf den magnetischen Kräften zwischen stromdurchflossenen Leitern (→ 22|6). Bei einem Strom der Stärke 1 A treten pro Sekunde $6{,}242 \cdot 10^{18}$ Elektronen durch den Leiterquerschnitt.

12 Elektrizitätsleitung in Metallen

Drude und Lorentz fanden zwischen 1900 und 1905, dass in einem Metallkristall die Valenzelektronen der Metallatome nicht mehr gebunden sind, sondern frei beweglich zum Zusammenhalt des Ionengitters beitragen. Das Drude-Lorentz-Modell der klassischen Physik behandelt diese freien Elektronen wie die Atome eines Gases in einem abgeschlossenen Gefäß. Man spricht von einem **Elektronengas**, dessen Teilchen wegen der hohen Ablösearbeit den Metallkristall nicht verlassen können, bei ihrer Bewegung mit den Gitterionen zusammenstoßen und unter dem Einfluss eines elektrischen Felds beschleunigt werden können. 1

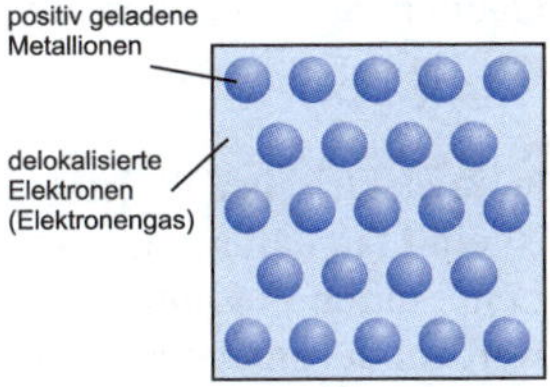

Schließt man die Leiterenden an eine Spannungsquelle an, so baut sich im Leiter ein elektrisches Feld auf, das die frei beweglichen Elektronen beschleunigt. Durch Zusammenstöße mit den Gitterionen wird die Elektronengeschwindigkeit aber immer wieder herabgesetzt, sodass sich eine mittlere, zur Feldstärke E proportionale, der Geschwindigkeit der chaotischen Wärmebewegung überlagerte Driftgeschwindigkeit v_D, 2

$$\mathbf{v_D = \gamma \cdot E},$$

einstellt. Der Proportionalitätsfaktor γ wird als **Beweglichkeit der Elektronen** bezeichnet.

Das Elektronengasmodell liefert für die Stromstärke eines stationären Stroms: 3

$$\mathbf{I = n \cdot A \cdot \gamma \cdot E \cdot e}$$

Dabei bedeuten neben den aus (→ 12|2) bekannten Bezeichnungen: n die Anzahl der Leitungselektronen pro Volumeneinheit, A die Querschnittsfläche des Leiters, e die Elementarladung.

Begründung: In der Zeit t treten durch den Querschnitt A des Leiters $z = n \cdot A \cdot v_D \cdot t$ Leitungselektronen. Die Beziehung ergibt sich unter Berücksichtigung von $I = \frac{Q}{t}$ und $Q = z \cdot e$ mithilfe von (→ 12|2).

4 Die Erfahrung zeigt, dass die Stromstärke I in einem Leiter von der elektrischen Spannung U zwischen den Leiterenden abhängt. Der Quotient aus Spannung und Stromstärke

$$\mathbf{R = \frac{U}{I}}$$

heißt elektrischer Widerstand des Leiters, wird mit R bezeichnet und ist ein Maß dafür, wie stark die Elektronen auf ihrem Weg durch den Leiter durch Zusammenstöße mit den positiven Gitterionen gehemmt werden: Je größer R ist, desto größer muss die Spannung sein um eine bestimmte Stromstärke I hervorzurufen.

5 Der **elektrische Widerstand** besitzt die **Einheit** $\frac{V}{A}$, für die man abkürzend das **Ohm (Einheitenzeichen Ω)** verwendet. Ausgedrückt durch die SI-Basiseinheiten besitzt er die Einheit $\frac{kg \cdot m^2}{A^2 \cdot s^3}$.

$$\mathbf{1\,\Omega = 1\,\frac{V}{A} = 1\,\frac{kg \cdot m^2}{A^2 \cdot s^3}}$$

6 1826 fand Simon Ohm das nach ihm benannte Gesetz:
Der elektrische Widerstand eines Leiters ist bei konstanter Temperatur konstant.
Mit (→ 12|4) folgt daraus: Bei konstanter Temperatur ist die Stromstärke in einem Leiter zur Spannung proportional.

7 Der elektrische Widerstand hängt jedoch von den Abmessungen des Leiters und vom Material ab. So zeigt die Erfahrung, dass **ein Draht** der Länge ℓ mit der Querschnittsfläche A den **elektrischen Widerstand**

$$\mathbf{R = \rho \cdot \frac{\ell}{A}}$$

besitzt. Der Faktor ρ heißt **spezifischer Widerstand**, besitzt die Einheit $\Omega \cdot m$ und hängt unter anderem vom Material ab, aus dem der Draht gefertigt ist.

Der Kehrwert des elektrischen Widerstands 8

$$G = \frac{1}{R}$$

heißt **Leitwert**. Er besitzt die **Einheit** $\frac{1}{\Omega} = \frac{A}{V} = \frac{A^2 \cdot s^3}{kg \cdot m^2}$, für die man abkürzend das **Siemens (Einheitenzeichen S)** verwendet.

Den Kehrwert $\sigma = \frac{1}{\rho}$ des spezifischen Widerstands bezeichnet man als 9
spezifische Leitfähigkeit.

Für den spezifischen Widerstand eines metallischen Leiters ergibt 10
das Elektronengasmodell von Drude-Lorentz:

$$\rho = \frac{1}{n \cdot e \cdot \gamma}$$

Begründung:

$$R \overset{(\rightarrow 12|4)}{=} \frac{U}{I} \overset{(\rightarrow 12|3)}{=} \frac{U}{n \cdot A \cdot \gamma \cdot E \cdot e} \overset{(\rightarrow 5|3)}{=} \frac{U}{n \cdot A \cdot \gamma \cdot \frac{U}{\ell} \cdot e} = \frac{\ell}{n \cdot A \cdot \gamma \cdot e}$$

Die Beziehung (→ 12|10) ergibt sich hieraus durch Vergleich mit $R = \rho \cdot \frac{\ell}{A}$.

Mithilfe der Beziehung (→ 12|10) lässt sich das **Ohm'sche Gesetz** 11
atomistisch deuten: $\rho = \frac{1}{n \cdot e \cdot \gamma}$ bleibt konstant, wenn

a) sich die Gesamtladung $n \cdot e$ pro Volumeneinheit trotz der Wanderung der Ladungsträger durch den Leiter nicht ändert und
b) die Driftgeschwindigkeit der Ladungsträger zur Feldstärke E proportional ist (→ 12|2).

Das klassische Elektronengasmodell von Drude-Lorentz liefert die 12
richtigen Größenordungen

a) für die **mittlere Geschwindigkeit der chaotischen Wärmebewegung der Leitungselektronen** bei Zimmertemperatur: $10^3 \frac{m}{s}$
b) für die zugehörige **mittlere freie Weglänge**: 10^{-10} m
c) für die **Driftgeschwindigkeit v_D**: $0{,}0001 \frac{m}{s}$

Es versagt aber bei der Erklärung der Wärmekapazität von Metallen.

13 Elektrizitätsleitung in Flüssigkeiten

1 Nichtmetallische Stoffe, deren Lösungen oder Schmelzen den elektrischen Strom leiten, wie z. B. die wässrigen Lösungen von Salzen, Säuren und Basen, heißen **Elektrolyte**. Der Stromfluss durch einen Elektrolyten wird immer durch eine Ionenwanderung zwischen zwei ungleichnamig geladenen Elektroden bewirkt. Die positive Elektrode bezeichnet man als Anode, die negative als Kathode. Positive Ionen (wie z. B. Metall- oder Wasserstoffionen) wandern zur Kathode und heißen Kationen, negative Ionen (wie z. B. Säurereste oder Hydroxylgruppen) wandern zur Anode und heißen Anionen.

2 Jeder Stromdurchgang durch einen Elektrolyten ist von einer **Elektrolyse** begleitet. Darunter versteht man die Abscheidung von Komponenten der gelösten Stoffe, Stoffauflösung oder die Bildung neuer chemischer Verbindungen an den Elektroden.

3 Die **Faraday'schen Gesetze der Elektrolyse** geben den Zusammenhang zwischen der transportierten Ladung und der Menge der Zersetzungsprodukte an.

1. Faraday'sches Gesetz:
Die bei der Elektrolyse abgeschiedene Masse m ist zur transportierten Ladung Q proportional:

$$m = Ä \cdot Q$$

Der Proportionalitätsfaktor Ä heißt elektrochemisches Äquivalent.

2. Faraday'sches Gesetz:
Die Abscheidung von 1 kmol eines z-wertigen Stoffes aus einem Elektrolyten ist unabhängig von der chemischen Natur des Stoffs mit dem Transport der Ladung

$$Q = z \cdot 9{,}6485 \cdot 10^7 \text{ C}$$

verbunden. Die Zahl $F = 9{,}6485 \cdot 10^7 \frac{\text{C}}{\text{kmol}}$ heißt Faraday-Konstante.

Die elektrolytische Leitung kann analog zur Stromleitung in Metallen mit dem Drude-Lorentz-Modell gedeutet werden, wenn man die beiden Arten von Ladungsträgern in Elektrolyten berücksichtigt: Die positiven Kationen mit der Beweglichkeit γ_K und die negativen Anionen mit der Beweglichkeit γ_A. Da überdies z-wertige Ionen die Ladung $z \cdot e$ transportieren, geht dann die Beziehung (→ 12|10) 4

$$\rho_{Metall} = \frac{1}{n \cdot e \cdot \gamma}$$

für den spezifischen Widerstand eines metallischen Leiters bei Elektrolyten über in:

$$\boldsymbol{\rho_{Elektrolyt} = \frac{1}{n \cdot z \cdot e \cdot (\gamma_A + \gamma_K)}}$$

Bei Elektrolyten gilt nach (→ 13|4) das Ohm'sche Gesetz (ρ = konstant), wenn die Konzentration des Elektrolyten unverändert bleibt ($n \cdot z \cdot e$ = konstant) und die Summe $\gamma_A + \gamma_K$ der Beweglichkeiten konstant bleibt. 5

14 Elektrizitätsleitung in Gasen

Gase sind normalerweise Isolatoren. Sie werden aber leitend, wenn man sie stark erwärmt oder ionisierender Strahlung aussetzt. Dann entstehen aus den neutralen Gasatomen oder -molekülen Elektronen und positive Gasionen, die unter dem Einfluss eines äußeren elektrischen Felds je nach Ladungsvorzeichen in oder gegen die Feldrichtung auseinanderdriften. Man bezeichnet diesen Vorgang als **unselbstständige Gasentladung**, weil die Ladungsträger durch eine vom Stromdurchgang unabhängigen Vorgang erzeugt werden und die elektrische Leitfähigkeit mit der Entfernung des Ionisators verschwindet. 1

2 Befindet sich das Gas zwischen den Elektroden eines Kondensators, so hängt die Stromstärke I bei einer Gasentladung von der Kondensatorspannung U ab (siehe Abbildung).

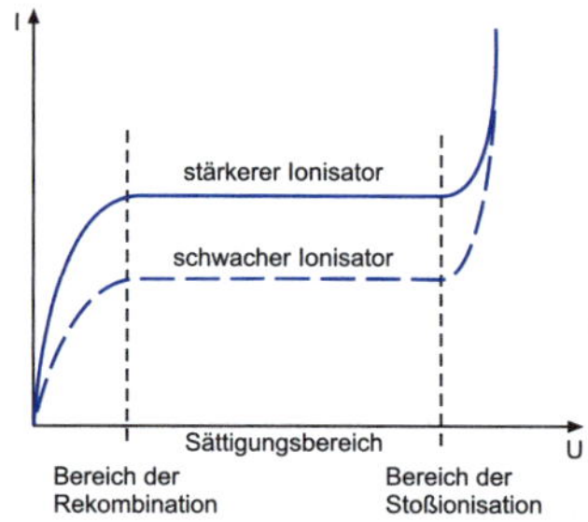

Bei kleinen Spannungen erreichen nicht alle Ladungsträger die Elektroden, weil die Elektronen und die positive Gasionen aufgrund ihrer thermischen Bewegung vorher zusammentreffen und zu neutralen Atomen oder Molekülen **rekombinieren** (→ 14|6).

Mit wachsender Spannung werden aber immer mehr Ladungsträger zu den Elektroden gezogen, bevor sie rekombinieren können. Die Stromstärke steigt, bis von einer ausreichend großen Spannung ab alle vom Ionisator erzeugten Ladungsträger zu den Elektroden gelangen. Dann fließt ein von weiteren Spannungssteigerungen unabhängiger Sättigungsstrom.

3 Steigert man die Spannung erheblich über den Sättigungsbereich hinaus, werden die primär gebildeten Elektronen auf so hohe Geschwindigkeiten beschleunigt, dass sie die Atome oder -moleküle des Gases bei Zusammenstößen durch **Stoßionisation** ionisieren können. Die dabei frei gesetzte Ladung wächst lawinenartig an, da auch die sekundär erzeugten Elektronen wieder ionisieren können. Bei hinreichend hohen Spannungen hängt der Stromfluss nicht mehr von der äußeren Ionisationsquelle ab und bleibt auch nach der Entfernung des Ionisators erhalten. Man spricht von einer **selbstständigen Gasentladung**.

4 Selbstständige Gasentladungen sind oft mit Leuchterscheinungen verbunden und werden dann **Glimmentladungen** genannt. Ihre konkrete Gestalt hängt vom Gasdruck, der Gasart, der Form des Entladungsrohrs, der Form und dem Material der Elektroden und der angelegten Spannung ab.

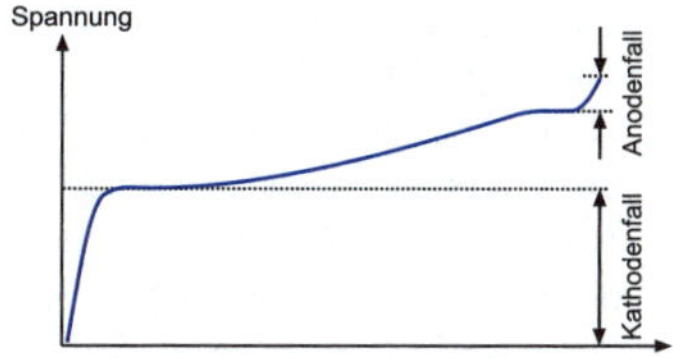

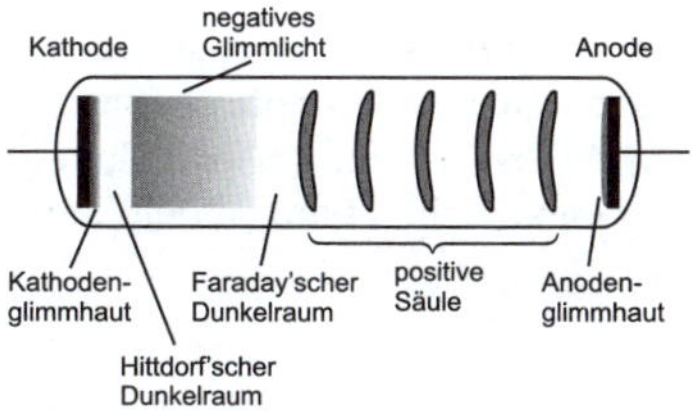

Ihre deutliche Struktur steht in engem Zusammenhang mit den Potenzialverlauf, der wiederum durch die unterschiedlich starke Beweglichkeit der Elektronen und Ionen beeinflusst wird. Die Abbildung zeigt die typischen Leuchterscheinungen bei einer Glimmentladung in einem unter niederen Druck mit Luft gefüllten Entladungsrohr, dessen Durchmesser klein gegen den Elektrodenabstand ist und an dem eine Spannung von einigen tausend Volt liegt.

a) Die **Kathodenglimmhaut** wird von Ionen ausgelöst, die beim Auftreffen auf die Kathode Elektronen herausschlagen und sich gleichzeitig entladen. Der Entladungsvorgang erfolgt über angeregte Zustände der Atome, die unter Lichtemission in den Grundzustand übergehen.

b) Daran schließt der **Hittdorf'sche Dunkelraum** an, in dem fast keine Lichtemission stattfindet. Die aus der Kathode herausgeschlagenen Elektronen durchlaufen dort eine große Potenzialdifferenz, den Kathodenfall, und erreichen dabei kinetische Energien, die sie ab der scharfen Grenze zum

c) **negativen Glimmlicht** zur Stoßionisation befähigen. Die Lichtemissionen entstehen dort wiederum bei der Rückkehr angeregter Atome in den Grundzustand.

d) Hinter der Stoßzone nimmt die Ionisationswahrscheinlichkeit und damit auch die Lichtemission stark ab. Das negative Glimmlicht geht fließend in den **Faraday'schen Dunkelraum** über

e) In der **positiven Säule** bewegen sich Ionen und die Elektronen, die ihre kinetische Energie im Bereich des negativen Glimmlichts weitgehend durch Stoßionisation verloren haben, wegen der geringen Potenzialdifferenz mit nicht sehr hohen Geschwindigkeiten.

Hier finden Anregungen mit Leuchterscheinungen, Ionisierungsvorgänge und Rekombinationen statt. Die Stromleitung erfolgt hauptsächlich durch die Elektronen. Die positive Säule zerfällt nur bei niederen Drücken, wie dargestellt, in leuchtende Schichten.

f) Kurz vor der Anode tritt nochmals ein kleiner Potenzialsprung, der Anodenfall, auf, der die Elektronen in einem kleinen Bereich, der **Anodenglimmhaut**, nochmals zur Stoßionisation befähigt.

5 Die **Leuchterscheinung** in der positiven Säule verwendet man in gasgefüllten **Leuchtröhren**, das negative Glimmlicht in **Glimmlampen**. Selbstständige Gasentladungen unter Normaldruck laufen in einem elektrischen Funken oder bei einem Lichtbogen in einer Kohlebogenlampe ab.

6 In einem ionisierten Gas vereinigen sich im Laufe der Zeit die Träger von Ladungen entgegengesetzten Vorzeichens zu neutralen Gebilden. Diesen Vorgang bezeichnet man als **Wiedervereinigung** oder **Rekombination**. Sind in einem Gas gleich viele positive und negative Ladungsträger vorhanden und wird ihre Dichte zum Zeitpunkt t mit n(t) bezeichnet, so gilt für deren zeitliche Abnahme $\dot{n}$:

$$\dot{n} = -\alpha \cdot [n(t)]^2$$

α heißt **Rekombinationskoeffizient**.

15 Elektrizitätsleitung im Vakuum

1 Elektrischer Strom kann im Vakuum zwischen zwei Elektroden nur dann fließen, wenn künstlich Ladungen freigesetzt werden. Von besonderer Bedeutung ist dabei die Erzeugung freier Elektronen aus Metallen durch Feld-, Foto- und Glühemission.

2 Bei der **Feldemission**, die im Wesentlichen auf dem quantenmechanischen **Tunneleffekt** (→ Band 3, 24|5) beruht, ziehen elektrische Felder der Mindestfeldstärke $10^9\,\frac{V}{m}$ Elektronen aus einer Metall-

kathode ins Vakuum. Die abgelösten Elektronen bezeichnet man als **Feldelektronen**.
Elektrizitätsleitung im Vakuum durch Feldelektronen findet man z. B. beim Feldelektronenmikroskop.

3 Die Auslösung von Elektronen aus Metalloberflächen durch Licht hinreichend hoher Frequenz bezeichnet man als **Fotoemission**, **lichtelektrischen Effekt** oder **Fotoeffekt** (→ Band 3, 1|1), die ausgelösten Elektronen als **Fotoelektronen**. Elektrizitätsleitung im Vakuum durch Fotoelektronen findet man beispielsweise bei Fotozellen (→ Band 3, 1|9; 10).

4 Erhitzt man Metalle auf Temperaturen von über 3 000 °C, erreichen einige Leitungselektronen im Metallinneren so hohe Geschwindigkeiten, dass sie die Bindungskräfte überwinden und das Metall verlassen können. Man spricht von **Glühemission**, **glühelektrischem oder Edison-Effekt**, die austretenden Elektronen heißen **Glühelektronen**. Die wichtigste Anwendung der Elektrizitätsleitung im Vakuum durch Glühelektronen findet man bei den **Elektronenröhren**.

5 **Elektronenröhren** sind hochevakuierte Glas-, Stahl- oder Keramikröhren mit eingeschmolzenen Elektroden. Sie werden nach der Anzahl ihrer Elektroden, z. B. Diode (2), Triode (3), unterschieden und dienen der Gleichrichtung von Wechselströmen, der Verstärkung von Wechselspannungen und der Erzeugung elektromagnetischer Schwingungen (→ 46|2–4).

6 Eine **Hochvakuumdiode** besteht aus einer hochevakuierten Glasröhre, in die zwei Metallelektroden eingeschmolzen sind. Die als Glühdraht ausgeführte Kathode K wird durch einen starken Heizstrom erhitzt und emittiert dann Glühelektronen (→ 15|4).

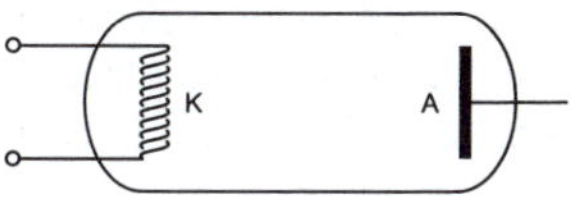

Die Stärke I des von K nach A fließenden Elektronenstroms hängt von der Spannung U zwischen diesen Elektroden ab (siehe Abbildung). Ist A positiv und K negativ gepolt, saugt die Gleichspannung U Glühelektronen zur Anode.

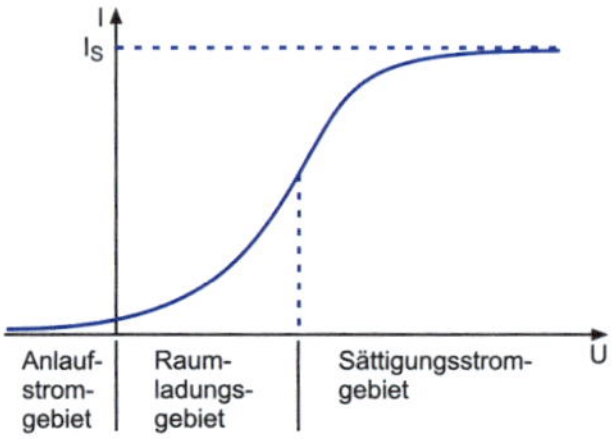

Kennlinie einer Vakuumdiode

Mit zunehmender Saugspannung steigt der Strom an, weil pro Zeiteinheit immer mehr Glühelektronen von K nach A gelangen. Wenn bei größeren Saugspannungen alle in einer Zeitspanne emittierten Glühelektronen in dieser Zeitspanne auch zur Anode gelangen, ist eine weitere Stromsteigerung nicht mehr zu beobachten, **Sättigung** tritt auf.
Die Glühelektronen verlassen die Glühkathode mit statistisch verteilten Geschwindigkeiten und gelangen teilweise auch ohne Saugspannung zur Anode A. Dieser schwache **Eigen-** oder **Anlaufstrom** lässt sich durch eine geringe Gegenspannung auf null absenken.

7 Der quantitative Zusammenhang zwischen Stromstärke I und Spannung U lautet:

$$I = \begin{cases} \text{konst}_1 \cdot e^{\frac{-e \cdot U}{k \cdot T}} & \text{im Anlaufstromgebiet} \\ \text{konst}_2 \cdot \sqrt{U^3} & \text{im Raumladungsgebiet} \\ \text{konst}_3 \cdot A \cdot T^2 \cdot e^{\frac{-W_A}{k \cdot T}} & \text{im Sättigungsstromgebiet} \end{cases}$$

Dabei bezeichnen
k: Boltzmannkonstante, W_A: Auslösearbeit, T: Temperatur der Glühkathode, e: Elementarladung, U: Spannung zwischen Kathode und Anode, A: Fläche der gleichmäßig emittierenden Glühkathode.

8 Legt man an eine Hochvakuumdiode eine Wechselspannung, so fließt nur dann Strom, wenn die Glühkathode negativ und die Anode positiv gepolt ist. Die Röhre wirkt daher als **Einweggleichrichter**.

9

Eine **Triode** ist eine hochevakuierte Röhre, bei der zwischen Anode und Kathode als dritte Elektrode ein Gitter angebracht ist. Bei handelsüblichen Trioden sind Gitter und Anode meist als konzentrische Zylinder geformt, welche die stäbchenförmige Kathode umfassen.

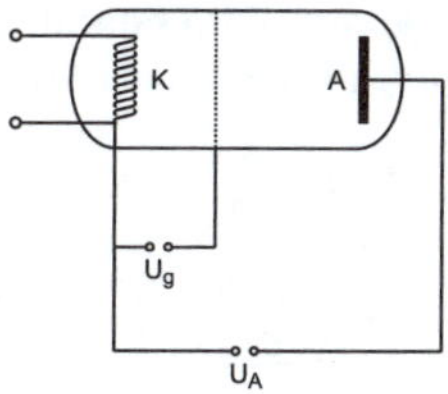

Die Stärke I_A des Stroms von der Kathode zur Anode hängt bei einer Triode sowohl von der Spannung U_g zwischen Kathode und Gitter als auch von der Spannung U_A zwischen Kathode und Anode ab. Mit der Gitterspannung U_g lassen sich starke Anodenströme praktisch ohne Energieaufwand steuern. In der im Diagramm gezeigten Kennlinienschar sind fünf U_g-I_A-Kennlinien für äquidistante Anodenspannungen U_A dargestellt.

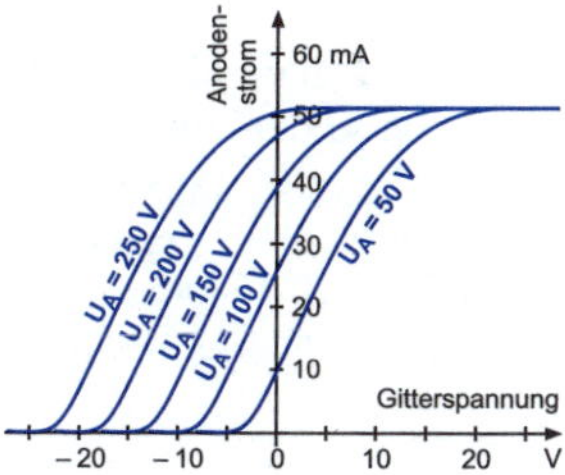

Zur quantitativen Beschreibung der Triodeneigenschaften dienen die Größen Steilheit S, Durchgriff D und innerer Widerstand R_i:

Die **Steilheit** ist die Steigung der U_g-I_A-Kennlinie bei konstanter Anodenspannung U_A:

$$S := \frac{\Delta I_A}{\Delta U_g}$$

Der **Durchgriff** der Röhre entspricht dem Verhältnis der Kapazität zwischen Anode und Kathode zur Kapazität zwischen Gitter und Kathode bei konstantem Anodenstrom I_A:

$$D := \frac{\Delta U_g}{\Delta U_A}$$

Mit seiner Hilfe lässt sich die Teilabschirmung der Anode durch das Gitter von der Kathode berücksichtigen. Für die Steuerspannung U_{St} des Anodenstroms gilt nämlich:

$$U_{St} = U_g + D \cdot U_A$$

Der **innere Widerstand** wird in Anlehnung an die Definition des elektrischen Widerstands definiert als (bei konstanter Gitterspannung U_g):

$$R_i := \frac{\Delta U_A}{\Delta I_A}$$

Für S, D und R_i gilt die **Röhrengleichung von Barkhausen**:

$$S \cdot D \cdot R_i = 1$$

10 Soll eine **Triode als Verstärker** fungieren, wählt man zur Vermeidung von Gitterströmen die Anodenspannung so, dass der geradlinige Teil der U_g-I_A-Kennlinie im Bereich negativer Gitterspannung liegt. Durch eine geeignete Gittervorspannung wird außerdem erreicht, dass der zugeordnete Punkt der Kennlinie, der Arbeitspunkt, in der Mitte des geradlinigen Kennlinienteils liegt.

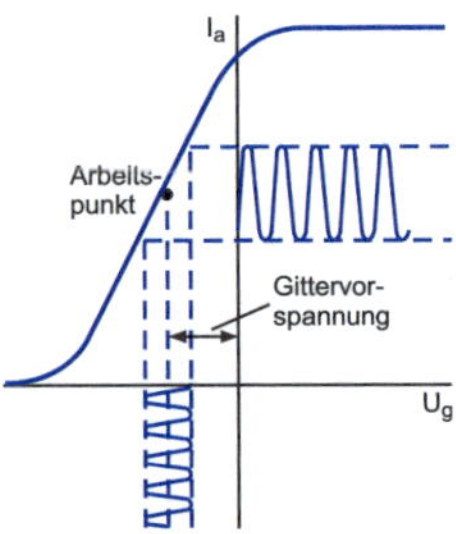

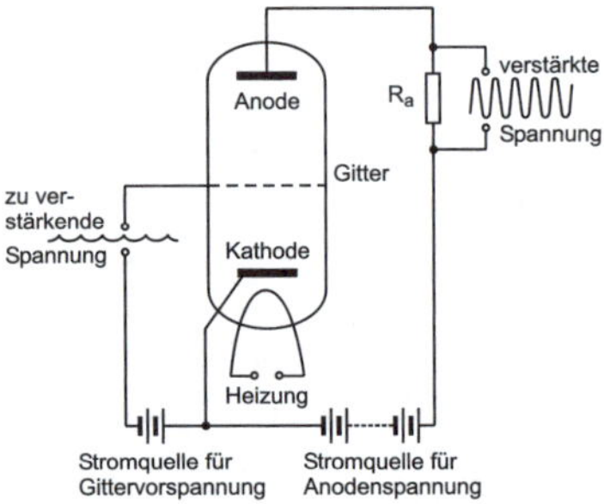

Überlagert man jetzt der Gittervorspannung eine Wechselspannung, dann schwankt der Anodenstrom im Rhythmus dieser Wechselspannung. Bei genügender Steilheit der Kennlinie kann man im Anodenkreis an einem großen Widerstand eine Wechselspannung größerer Amplitude abnehmen.

Der Verstärkungsgrad V ist bestimmt durch

$$V = -S \cdot \frac{R_i \cdot R_A}{R_i + R_A}$$

Für große Verstärkung sind große Steilheit und kleiner Durchgriff erforderlich.

16 Gleichstromkreise

Unter einem **elektrischen Stromkreis** versteht man jede beliebig verzweigte leitende Verbindung zwischen den Polen einer Stromquelle. Man bezeichnet als 1

a) **Knoten** Stellen, an denen drei oder mehr Leitungen zusammentreffen.

b) **Zweig** einen zwischen 2 Knoten liegenden Teil des Stromkreises.

c) **Masche** eine geschlossene Kette von Zweigen.

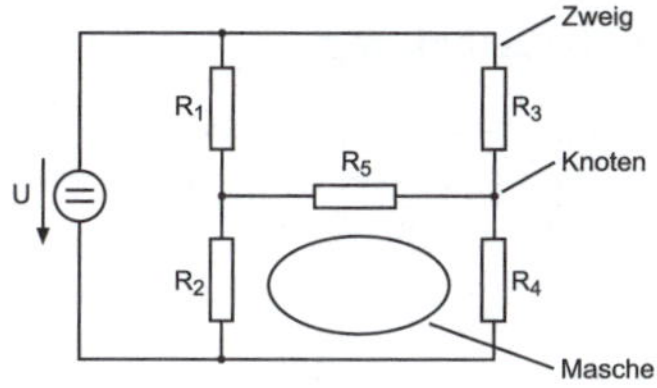

Den Widerstand eines Leiters symbolisiert man mit dem nebenstehend skizzierten Schaltzeichen.

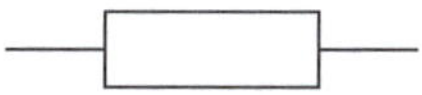

Mithilfe der **Regeln von Kirchhoff** lässt sich die Verteilung von Strömen und Spannungen in einem elektrischen Stromkreis berechnen. 2

Erste Kirchhoff'sche Regel (Knotenregel)

In jedem Punkt eines elektrischen Stromkreises sind die Summen der ankommenden und abfließenden Ströme gleich. Bezogen auf Bild A gilt also:

$$I_1 + I_2 + I_3 = I_4 + I_5$$

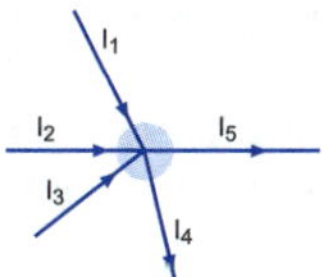

A

Zweite Kirchhoff'sche Regel (Maschenregel)

In jeder Masche ist die Summe der angelegten Spannungen gleich der Summe der Spannungsabfälle an den einzelnen Widerständen. Bezogen auf Bild B gilt also:

$$U_1 = U_2 + U_3 + U_4$$

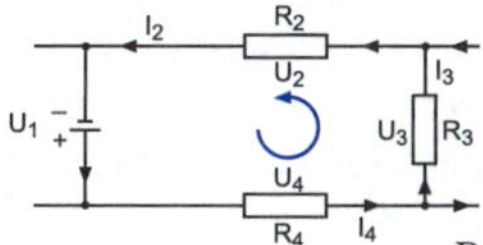

B

3 Für die **Reihen- bzw. Parallelschaltung zweier Widerstände** gilt aufgrund der Kirchhoff'schen Regeln:

Reihenschaltung	Parallelschaltung
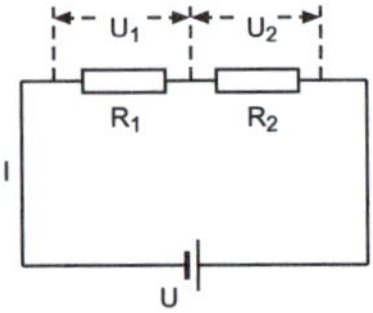	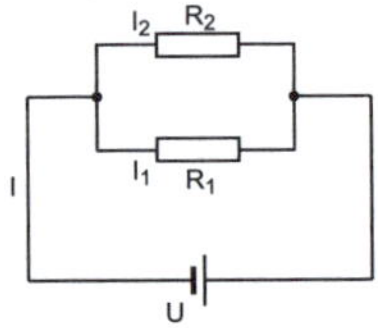
$I = I_1 = I_2$	$U = U_1 = U_2$
$U_1 : U_2 = R_1 : R_2$	$I_1 : I_2 = \frac{1}{R_1} : \frac{1}{R_2}$
$U = U_1 + U_2$	$I = I_1 + I_2$

Für den Gesamtwiderstand R_{ges} ergibt sich:

$\mathbf{R_{ges} = R_1 + R_2}$	$\mathbf{\frac{1}{R_{ges}} = \frac{1}{R_1} + \frac{1}{R_2}}$

Allgemein gilt für die Reihen- bzw. Parallelschaltung von n Widerständen entsprechend: Der Gesamtwiderstand R_{ges}

$\mathbf{R_{ges} = R_1 + R_2 + \ldots + R_n}$	$\mathbf{\frac{1}{R_{ges}} = \frac{1}{R_1} + \frac{1}{R_2} + \ldots + \frac{1}{R_n}}$
ist größer als der größte Teilwiderstand.	ist kleiner als der kleinste Teilwiderstand.

4 Mit der in der Abbildung gezeigten **Wheatstone'schen Brückenschaltung** lässt sich der unbekannte Wert eines vierten Widerstands aus den bekannten Werten der anderen drei Widerstände berechnen, weil bei stromloser Brücke CD gilt:

$$\frac{R_1}{R_2} = \frac{R_3}{R_4}$$

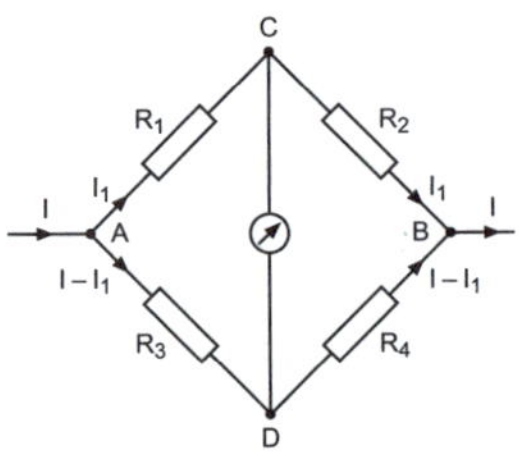

Begründung: Bei stromloser Brücke ist $U_{AC} = U_{AD}$ und $U_{CB} = U_{DB}$. Mit (→ 12|4) gilt daher:

$$(1)\ I_1 \cdot R_1 = (I - I_1) \cdot R_3 \quad \text{und} \quad (2)\ I_1 \cdot R_2 = (I - I_1) \cdot R_4$$

Die Widerstandsproportion ergibt sich hieraus mittels Division von (1) durch (2).

5 Schließt man einen Verbraucher (Widerstand R) in einer **Potenziometer- oder Spannungsteilerschaltung** parallel zum Widerstand R_1, so fällt an ihm die Teilspannung

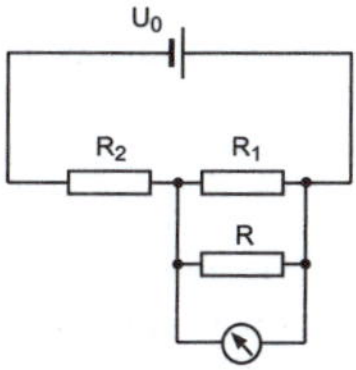

$$U = \frac{R_1 \cdot R}{R \cdot R_1 + R_1 \cdot R_2 + R \cdot R_2} \cdot U_0$$

ab. Ist R wesentlich größer als R_1 und R_2, so gilt näherungsweise:

$$U = \frac{R_1}{R_1 + R_2} \cdot U_0$$

6 Fließt ein **stationärer Gleichstrom** der Stärke I während der Zeit t durch einen Leiter, zwischen dessen Enden die Spannung U besteht, so wird die **Arbeit**

$$W = U \cdot I \cdot t$$

frei. Leistet der Strom keine mechanische, magnetische oder chemische Arbeit, so erscheint die von der Stromquelle abgegebene Energie im Leitungsdraht als Wärme.

Begründung: Da die Ladung $Q = I \cdot t$ (→ 11|3) die Spannung U durchläuft, verrichtet das elektrische Feld zwischen den Leiterenden nach (→ 3|12) die Arbeit $W = U \cdot Q = U \cdot I \cdot t$.

Ersetzt man in dieser Beziehung U durch $R \cdot I$ bzw. I durch $\frac{U}{R}$, so erhält man die Alternativformeln:

$$W = R \cdot I^2 \cdot t \qquad\qquad W = \frac{U^2}{R} \cdot t$$

7 Ein von einer **zeitlich veränderlichen Spannung** U(t) in einem Leiter vom Widerstand R hervorgerufener Strom der Stärke I(t) verrichtet in der Zeitspanne $t_2 - t_1$ die Arbeit:

$$\mathbf{W = \int_{t_1}^{t_2} U(t) \cdot I(t)\,dt = R \cdot \int_{t_1}^{t_2} [I(t)]^2\,dt = \frac{1}{R} \cdot \int_{t_1}^{t_2} [U(t)]^2\,dt}$$

8 Ein **stationärer Gleichstrom** erbringt die **konstante Leistung**:

$$\mathbf{P = U \cdot I = R \cdot I^2 = \frac{U^2}{R}}$$

Begründung: Da die Leistung der Quotient aus Arbeit und Zeit ist, ergeben sich diese Beziehungen unmittelbar aus den Beziehungen (→ 16|6).

Bei zeitlich veränderlicher Spannung und Stromstärke ist die vom Gleichstrom erbrachte Leistung nicht mehr konstant. Es gilt aber:

$$\mathbf{P(t) = U(t) \cdot I(t) = R \cdot I(t)^2 = \frac{U(t)^2}{R}}$$

17 Messung der elektrischen Grundgrößen

1 Instrumente zur Messung der Stromstärke heißen Strommesser oder **Amperemeter** und basieren auf der chemischen, der magnetischen oder der Wärmewirkung des Stroms. In Schaltskizzen werden sie häufig mit den in der Abbildung gezeigten Schaltzeichen dargestellt. Strommesser mit großer Empfindlichkeit nennt man Galvanometer.

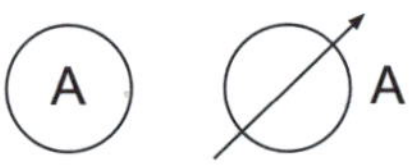

2 Strommesser auf chemischer Grundlage sind z. B. **Voltameter** (nicht zu verwechseln mit Voltmeter). Mit ihrer Hilfe bestimmt man die von einem stationären Gleichstrom aus einer Silbernitratlösung abgeschiedene Silbermenge. (Ein Strom der Stärke 1 A scheidet in 1 Sekunde aus einer $AgNO_3$-Lösung 1,118 mg Silber ab.) Voltameter werden heute in der Physik zur Strommessung kaum mehr verwendet.

3 Das **Hitzdrahtamperemeter** ist ein auf der Grundlage der **Wärmewirkung des Stroms** konstruierter Strommesser. Ein vom Strom durchflossener Hitzdraht wird warm und dehnt sich aus. Seine Längenänderung führt mittels einer Rolle, über die ein Spanndraht gewickelt ist, zu einer Zeigerbewegung. Der Ausschlag hängt nicht von der Stromrichtung ab.

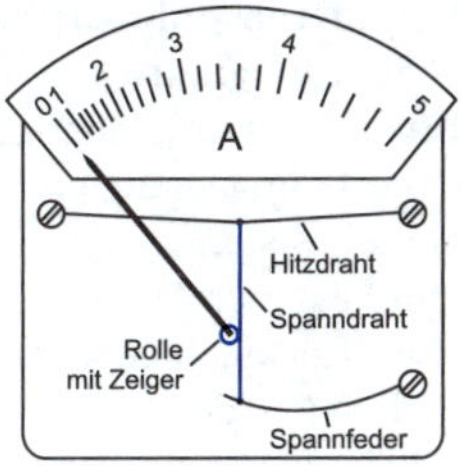

4 Das **Dreh- oder Weicheiseninstrument** basiert auf der **magnetischen Wirkung des Stroms**.

Über einem festen, teilweise von einer Spule umwickelten Weicheisenstück sitzt ein bewegliches Weicheisenstück, das mit einer Rückstellfeder und einem Zeiger verbunden ist. Fließt Strom durch die Spule, werden beide Eisenstücke magnetisch und stoßen einander ab. Wenn die Summe der Drehmomente der magnetischen Kräfte gleich dem Drehmoment der Rückstellfeder ist, schlägt der Zeiger nicht mehr weiter aus. Der Zeigerausschlag ist ein Maß für die Stromstärke.

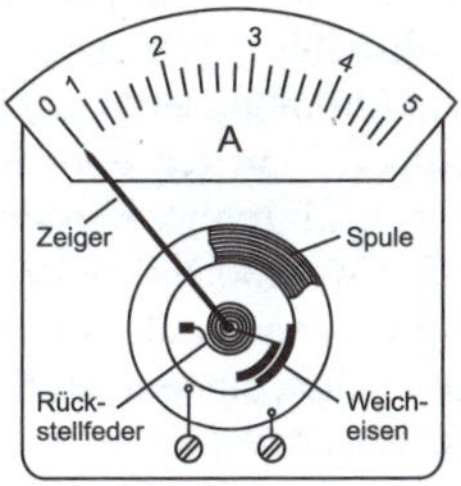

Dabei hängt die Kraftwirkung auf das bewegliche Stück nicht von der Stromrichtung ab, da bei deren Richtungsumkehr auch die magnetische Polung der Eisenstücke wechselt. Das Gerät ist zur Messung von Wechselströmen bis 1 000 Hz geeignet, relativ unempfindlich gegen Überlastung und gegen mechanische Beanspruchung, weist aber einen relativ hohen Eigenverbrauch auf.

5 Beim **Drehspulinstrument**, das ebenfalls auf der **magnetischen Wirkung des Stroms** basiert, hängt zwischen den Polen eines Permanentmagneten drehbar gelagert eine Spule, die sich beim Stromdurchgang dreht. Die Drehspule ist mit einer Rückstellfeder und einem Zeiger verbunden, der nicht mehr weiter ausschlägt, wenn die Summe der Drehmomente der magnetischen Kräfte gleich dem Drehmoment der Rückstellfeder ist. Der Zeigerausschlag ist der Stärke des durchfließenden Stroms proportional.

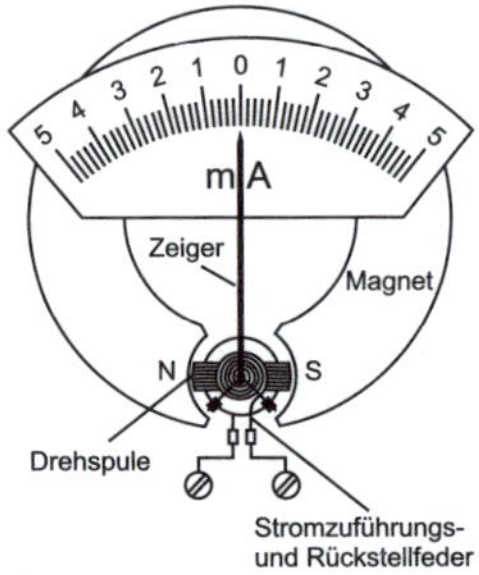

6 Bei Spannungsmessern unterscheidet man statische Instrumente ohne von dynamischen Instrumenten mit Stromdurchgang.

Dynamische Spannungsmesser oder **Voltmeter** haben den gleichen Aufbau wie Strommesser, aber einen wesentlich größeren inneren Widerstand R_i. In Schaltskizzen werden sie häufig mit den nebenstehenden Schaltzeichen dargestellt. Sie werden parallel zu dem Widerstand R geschaltet, an dem der Spannungsabfall U gemessen werden soll. Durchs Gerät fließt dann ein sehr kleiner Strom der Stärke I*, für den nach (→ 16|3) gilt:

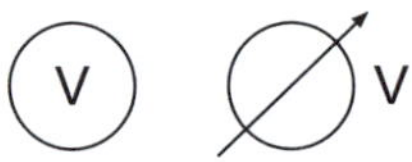

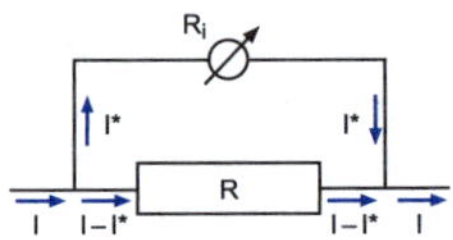

$$\frac{I^*}{I - I^*} = \frac{R}{R_i}$$

Auflösen nach I* ergibt:

$$I^* = \frac{R \cdot I}{R_i + R} = \frac{U}{R_i + R} \approx \frac{U}{R_i}$$

Hieraus folgt $U = R_i \cdot I^*$, womit sich das Amperemeter in Volt eichen lässt, da R_i bekannt ist und I* als Messwert vorliegt.

Ohmmeter sind Messinstrumente zur unmittelbaren Messung eines Widerstands. Dazu wird auf das Messobjekt eine Prüfspannung gegeben und der fließende Strom gemessen. Aus den beiden bekannten Werten wird der Widerstand $R = \frac{U}{I}$ berechnet. Da diese Umrechnung bereits in der Skala berücksichtigt ist, erfolgt die Anzeige direkt in Ohm. 7

Bei Leistungsmessern oder **Wattmetern**, die in Schaltskizzen durch das Schaltzeichen (W) symbolisiert werden, hängt im Feld eines Elektromagneten, der so genannten Stromspule, eine drehbare Spule mit Zeiger, die Spannungsspule. Wird die Stromspule wie ein Strommesser in Reihe mit dem Verbraucher geschaltet, dessen Leistungsaufnahme gemessen werden soll, und die Spannungsspule wie ein Spannungsmesser dazu parallel, ist der Zeigerausschlag proportional zur Stromstärke durch die felderzeugende Spule und zur Spannung an der Drehspule, also proportional zum Produkt beider Größen, der Leistung des Stroms durch den Verbraucher. 8

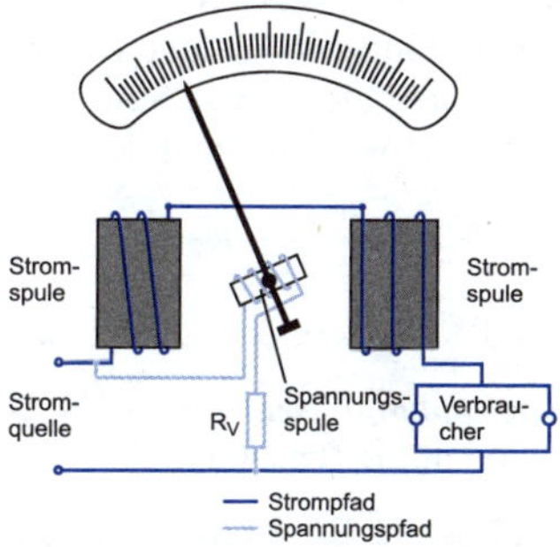

Soll der **Messbereich eines Spannungsmessers** mit Innenwiderstand R_i von der Höchstspannung U_1 auf die größere Spannung U_2 **erweitert** werden, muss der Vorschaltwiderstand 9

$$R_V = \frac{U_2 - U_1}{U_1} \cdot R_i$$

in Reihe zum Voltmeter hinzugefügt werden (siehe Schaltskizze).

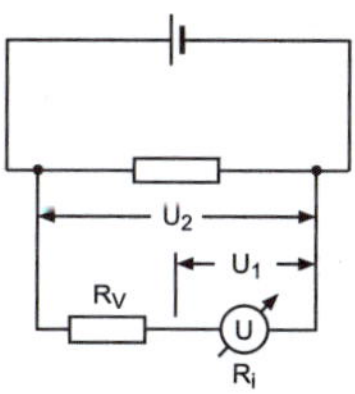

Begründung: Nach (→ 16|3) gilt: $\frac{R_V + R_i}{R_i} = \frac{U_2}{U_1}$. Auflösen nach R_V führt auf die Beziehung.

Will man z. B. den Messbereich verhundertfachen, $U_2 = 100 \cdot U_1$, muss man wegen

$$R_V = \frac{100 \cdot U_1 - U_1}{U_1} \cdot R_i = 99 \cdot R_i$$

den 99-fachen Instrumentenwiderstand vorschalten.

10 Soll der **Messbereich eines Strommessers** mit Innenwiderstand R_i vom Höchstwert I_1 auf die größere Stromstärke I_2 **erweitert** werden, muss der Widerstand

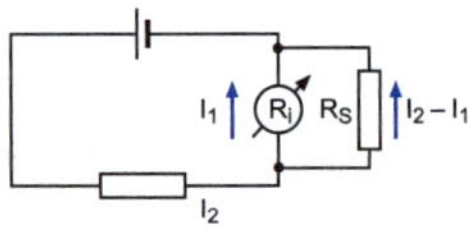

$$R_S = \frac{I_1}{I_2 - I_1} \cdot R_i$$

parallel zum Amperemeter hinzugefügt werden (siehe Schaltskizze).

Begründung: Nach (→ 16|3) gilt: $\frac{R_S}{R_i} = \frac{I_1}{I_2 - I_1}$. Auflösen nach R_S führt auf die Beziehung.

Will man z. B. den Messbereich verhundertfachen, $I_2 = 100 \cdot I_1$, muss man wegen

$$R_S = \frac{1}{100 \cdot I_1 - I_1} \cdot R_i = \frac{R_i}{99}$$

den 99. Teil des Instrumentenwiderstands parallel schalten.

Magnetisches Feld

18 Elementare Magnetphänomene

Ein Körper, der Eisen, Kobalt, Nickel und einige bestimmte Legierungen aus diesen Metallen anzieht, heißt (Permanent-) **Magnet**. Stoffe, die von einem Magneten angezogen werden, nennt man **ferromagnetisch**. 1
Es gibt aber auch Magnete aus nicht ferromagnetischen Stoffen, wie beispielsweise die Heusler'sche Legierung aus Kupfer, Mangan und Aluminium.

Die Anziehungskraft eines Magneten wirkt durch nichtferromagnetische Stoffe hindurch, kann aber auch durch ferromagnetische Stoffe abgeschirmt werden. 2

Die Anziehungskraft auf ferromagnetische Stoffe ist nicht an allen Stellen eines Magneten gleich groß. Jeder Magnet weist stets genau zwei Bereiche stärkster Anziehungskraft, die so genannten **Pole**, auf. Einzelne, isolierte Magnetpole gibt es nicht. 3

Die Erfahrung zeigt, dass die beiden Pole eines Magneten verschieden sind. Man bezeichnet sie als **Nord- bzw. Südpol**. 4
Gleichnamige magnetische Pole stoßen einander ab, ungleichnamige ziehen einander an (Bild A) und neutralisieren sich gegenseitig (Bild B).

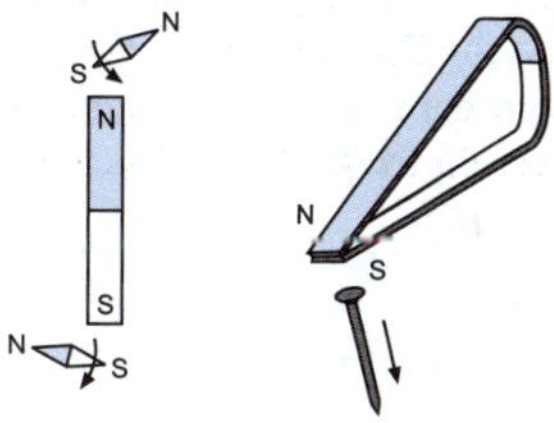

A B

5 Bei einem **Stabmagneten** liegen die Pole in der Nähe seiner Enden. Ist er frei beweglich, so richtet er sich stets etwa in geografischer Nord-Süd-Richtung aus. Sein Nord-(Süd-)Pol weist dabei in die geografische Nord-(Süd-)Richtung, weil die Erde selbst ein Magnet ist, deren magnetischer Nord- (Süd-) Pol sich in der Nähe des geografischen Süd- (Nord-) Pols befindet.

6 Unter **magnetischer Influenz** versteht man die Tatsache, dass ursprünglich unmagnetische ferromagnetische Stoffe (Bild A) in der Nähe eines Magneten selbst zu Magneten werden (Bild B). Dabei entsteht in der Nähe eines Nordpols ein influenzierter Südpol und umgekehrt.

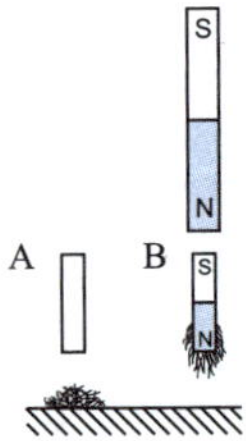

7 Beim Zerteilen eines Magneten entstehen immer wieder vollständige Magnete.

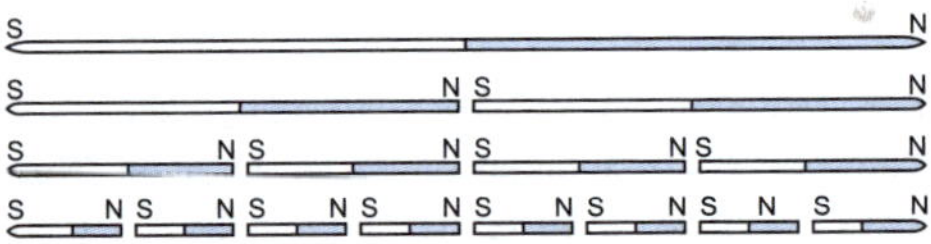

8 Eine ursprünglich nicht magnetische Probe eines Ferromagneten wird durch Bestreichen mit einem Magneten selbst magnetisch.

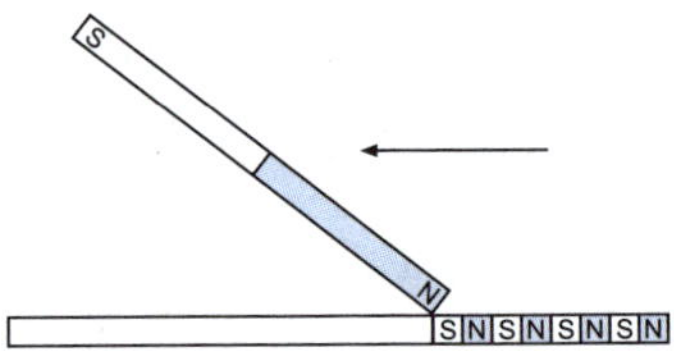

9 Alle einfachen magnetischen Erscheinungen lassen sich mit dem einfachen **Modell der Elementarmagnete** deuten:
Jedes Ferromagnetikum besteht hiernach bei nicht zu hohen Temperaturen aus Elementarmagneten.

Diese können durch magnetische Kräfte ausgerichtet werden (Bild A). Dann ist der Körper magnetisiert. In einem nichtmagnetischen Ferromagnetikum sind die Elementarmagnete völlig ungeordnet (Bild B).
Der Magnetismus eines ferromagnetischen Körpers entsteht also nicht erst beim Magnetisieren, sondern ist als Magnetisierung der Elementarmagnete bereits im Körper vorhanden.

A

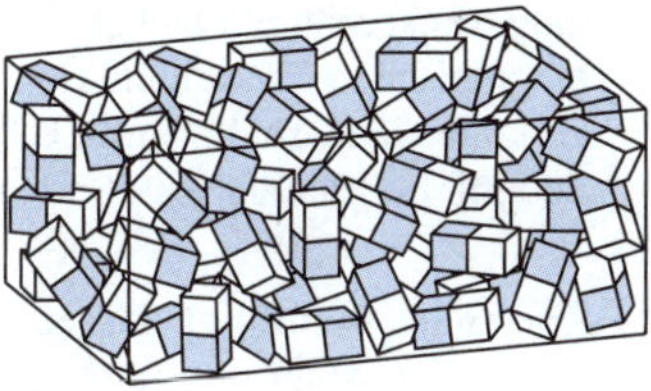

B

19 Magnetische Flussdichte

1820 entdeckte Christian Oerstedt, dass nicht nur von Permanentmagneten, sondern auch von stromdurchflossenen Leitern magnetische Kräfte ausgehen. Eine genauere Erforschung des Magnetismus setzte ein und lieferte eine Vielfalt von experimentellen Befunden, für deren Auswertung und Verarbeitung in einer Theorie sich das Modell eines **magnetischen Felds** als zweckdienlich erwies. 1
Darunter versteht man den Raumbereich in der Umgebung von Permanentmagneten oder von stromdurchflossenen Leitern, in dem auf ferromagnetische Körper, stromdurchflossene Leiter oder bewegte Ladungen magnetische Kräfte wirken.

Magnetische Felder lassen sich durch **magnetische Feldlinien** veranschaulichen (→ 20|2; 3; 5–8). Das sind fiktive Kurven in einem Magnetfeld, welche in jedem ihrer Punkte tangential zum dortigen magnetischen Kraftvektor verlaufen. 2

Magnetische Feldlinien
a) sind immer in sich geschlossen;
b) haben weder Anfangs- noch Endpunkte;
c) kreuzen oder berühren sich nicht;
d) sind so orientiert, dass sie in Richtung der Kraft auf einen fiktiven magnetischen Einzel-Nordpol deuten;
e) verlaufen in einem Bereich umso dichter, je stärker dort das Magnetfeld ist. Üblicherweise ist ihre Dichte in einem zur Feldrichtung senkrechten Flächenelement proportional zum Betrag der magnetischen Flussdichte (→ 19|6) in diesem Flächenelement.
f) verlaufen außerhalb eines Permanentmagneten vom Nord- zum Südpol, im Inneren vom Süd- zum Nordpol.

3 **Magnetische Feldlinien** lassen sich **experimentell darstellen**, indem man den Magneten unter eine mit kleinen, zunächst unmagnetischen, ferromagnetischen Spänen bestreute Glasplatte legt. Diese werden durch magnetische Influenz zu kleinen „Stabmagneten" und richten sich längs der Feldlinien aus, wenn man leicht gegen die Glasplatte klopft.

4 Die Erfahrung zeigt, dass ein **gerader Leiter**, der **in einem homogenen Magnetfeld** (→ 20|1) von einem Strom senkrecht zur Feldrichtung durchflossen wird, eine magnetische Kraft erfährt, die senkrecht zur Feldrichtung und senkrecht zur Stromrichtung steht.
Die Richtung findet man mit der so genannten Ersten **Drei-Finger-Regel der rechten Hand**: Spreizt man Daumen, Zeige- und Mittelfinger der rechten Hand so ab, dass sie paarweise aufeinander senkrecht stehen und deutet der Daumen in die technische Stromrichtung, der Zeigefinger in Richtung des Magnetfelds, so deutet der Mittelfinger in Richtung der magnetischen Kraft. Ist die Richtung des Stroms durch den Leiter parallel zur Richtung des Magnetfelds, so wirkt keine magnetische Kraft auf ihn.

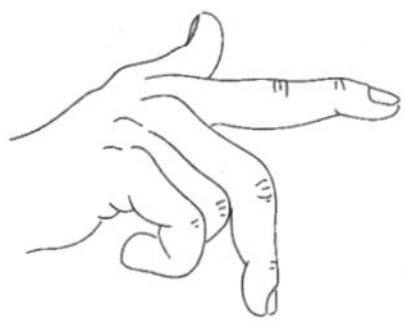

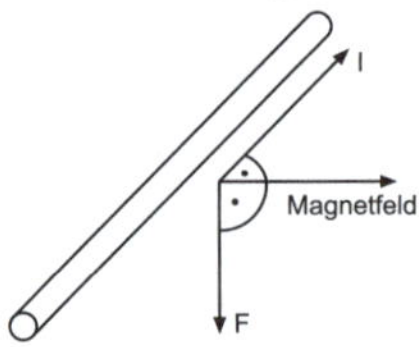

Der Betrag dieser Kraft lässt sich mit einer **Stromwaage** messen. Das ist ein Waagebalken, an dem austariert ein rechteckiger Leiterrahmen hängt, der teilweise in das homogene Magnetfeld eintaucht (siehe Abbildung). Selbst kleinste Auslenkungen aus dieser Ruhelage können mit einer Lichtzeigervorrichtung nachgewiesen werden. Fließt durch den Rahmen ein stationärer Strom in der angegebenen Richtung, so wirken im Magnetfeld auf die Rahmenteile die Kräfte $\vec{F}_1$, $\vec{F}_2$ und $\vec{F}_3$ (→ 19|4). Da der Rahmen formstabil ist, heben sich $\vec{F}_1$ und $\vec{F}_3$ in ihrer Wirkung gegenseitig auf, $\vec{F}_2$ zieht den Rahmen ins Magnetfeld hinein. Stellt man mit einem Kraftmesser den Waagebalken in die Ausgangslage zurück (Kontrolle mittels Lichtzeiger), so kann man am Kraftmesser F_2 ablesen. 5

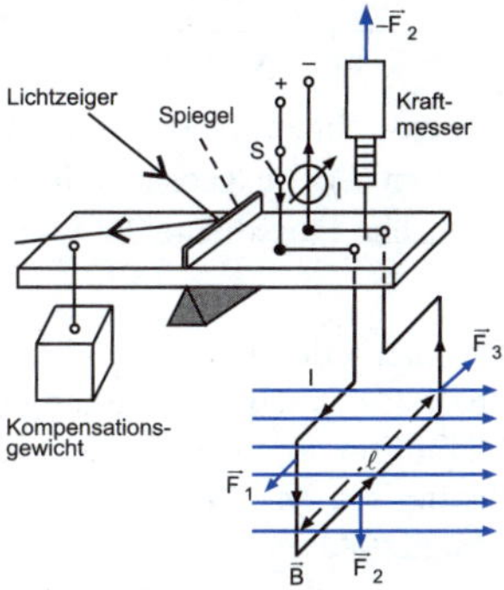

Die Erfahrung zeigt, dass der Betrag dieser Kraft F proportional zur Stromstärke I und zur Leiterlänge ℓ ist. Aus $F \sim I$ und $F \sim \ell$ folgt $F \sim I \cdot \ell$, also: 6

$$\frac{F}{I \cdot \ell} =: k = \text{konstant}$$

Die Proportionalitätskonstante k hängt nicht mehr von I oder ℓ, sondern nur noch von der Stärke des magnetischen Feldes am Ort des Leiters ab und wird als **magnetische Flussdichte** oder als **magnetische Induktion** bezeichnet.

Unter der magnetischen Flussdichte $\vec{B}$ versteht man einen Vektor vom Betrag $\mathbf{B = \frac{F}{I \cdot \ell}}$, dessen Richtung mit der Richtung der magnetischen Feldlinien übereinstimmt.

Gemäß ihrer Definition besitzt die **magnetische Flussdichte** die **Einheit** $\frac{N}{A \cdot m}$. Unter Verwendung der Beziehung $N = \frac{V \cdot C}{m}$ (→ 2|5) erhält man: 7

$$\frac{N}{A \cdot m} = \frac{V \cdot C}{A \cdot m \cdot m} = \frac{V \cdot A \cdot s}{A \cdot m \cdot m} = \frac{V \cdot s}{m^2}$$

Die zusammengesetzte Benennung $\frac{V \cdot s}{m^2}$ heißt auch **Tesla (Einheitenzeichen T)**. Ausgedrückt durch die SI-Basiseinheiten besitzt die magnetische Flussdichte die Einheit $\frac{kg}{A \cdot s^2}$.

8 Da man jeden hinreichend kleinen Bereich eines inhomogenen Magnetfelds genähert als homogenes Feld auffassen kann, lässt sich die Definition der magnetischen Flussdichte für homogene Magnetfelder theoretisch auf inhomogene sinngemäß übertragen. In inhomogenen Magnetfeldern lässt sich $\vec{B}$ allerdings nicht mehr mit einer Stromwaage, sondern z. B. mit einer Hallsonde (→ 28 | 3) messen.

20 Spezielle Magnetfelder

Homogenes Magnetfeld

1 Ein **Magnetfeld** heißt **homogen**, wenn der Vektor $\vec{B}$ der magnetischen Flussdichte in allen Feldpunkten die gleiche Richtung und den gleichen Betrag besitzt. Die Feldlinien eines homogenen Felds verlaufen parallel und äquidistant.
Homogene Magnetfelder, deren Feldlinien senkrecht zur Zeichenebene verlaufen, werden entsprechend den Bildern A und B dargestellt.

A
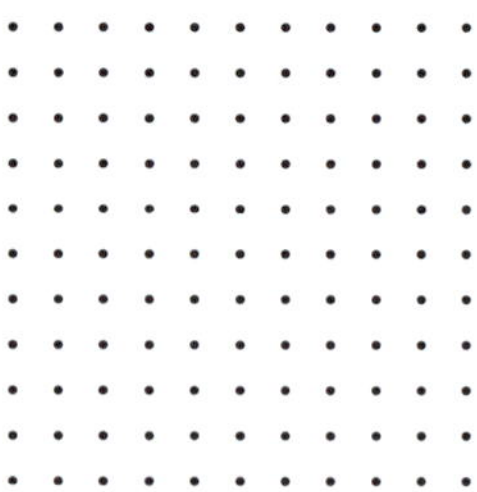

Feldlinien verlaufen senkrecht zur Zeichenebene, **aus der Zeichenebene heraus**.

B
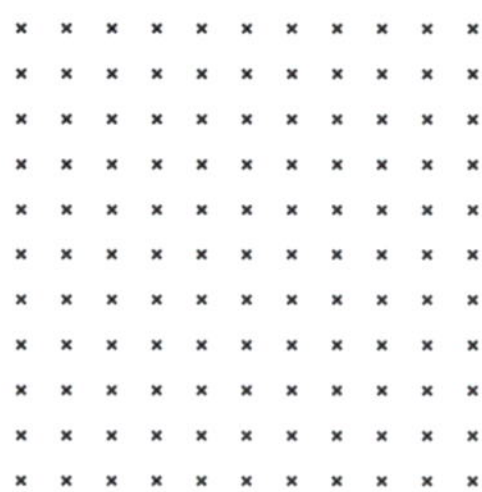

Feldlinien verlaufen senkrecht zur Zeichenebene, **in die Zeichenebene hinein**.

Das Magnetfeld einer langen Zylinderspule (Bild C) ähnelt im **Außenraum** dem Feld eines **Stabmagneten** (Bild D), **im Inneren** kann es in der Umgebung der Spulenachse in guter Näherung als **homogen** angesehen werden. 2

C

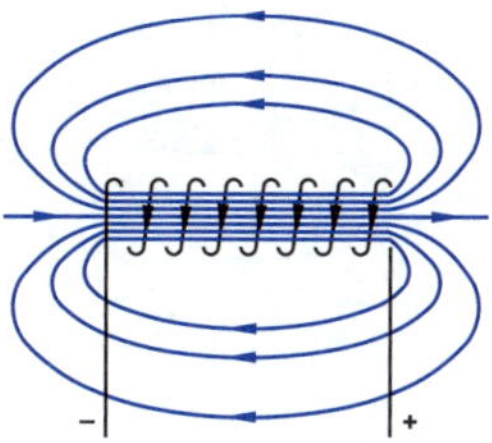

D

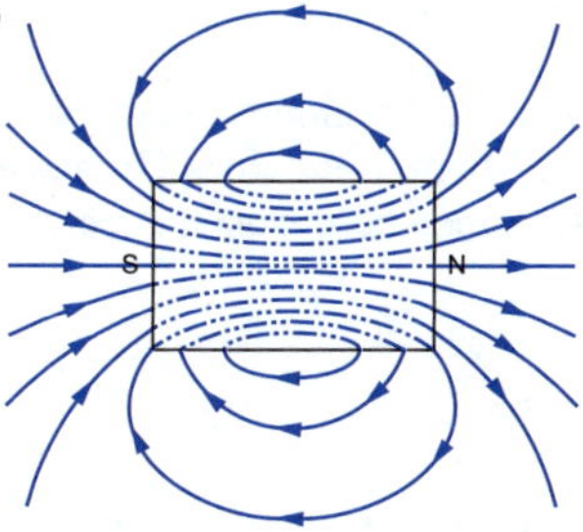

Wegen der Ähnlichkeit mit dem Stabmagnetfeld weist man einer Spule Nord- und Südpol zu. Umfasst man mit den gekrümmten Fingern der rechten Hand die Spule so, dass die Fingerspitzen in die technische Stromrichtung zeigen, so deutet der ausgestreckte Daumen auf das Spulenende, an dem sich der Nordpol befindet (Bild E). 3

E

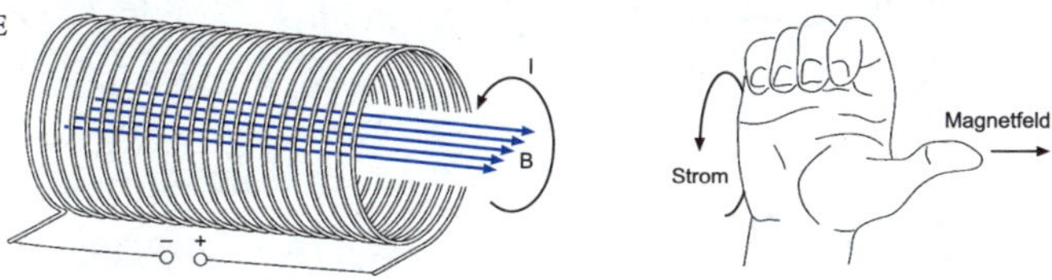

Messungen zeigen, dass für den Betrag B der magnetischen Flussdichte im Inneren einer von einem Strom der Stärke I durchflossenen Zylinderspule der Länge ℓ vom Radius R mit N Windungen gilt: 4

$$\mathbf{B = \mu_0 \cdot \frac{N}{\ell} \cdot I \cdot \frac{1}{\sqrt{1 + \frac{4 \cdot R^2}{\ell^2}}}}$$

$\mu_0 = 4 \cdot \pi \cdot 10^{-7} \frac{V \cdot s}{A \cdot m}$ heißt **magnetische Feldkonstante**, $\frac{N}{\ell}$ bezeichnet man auch als **Windungsdichte** der Spule.

Bei sehr langen Spulen kann der Quotient $\frac{4 \cdot R^2}{\ell^2}$ vernachlässigt werden und man erhält:

$$\mathbf{B = \mu_0 \cdot \frac{N}{\ell} \cdot I}$$

5 Wie die Abbildung zeigt, gibt es auch im **Magnetfeld eines Hufeisenmagneten** einen homogenen Bereich.

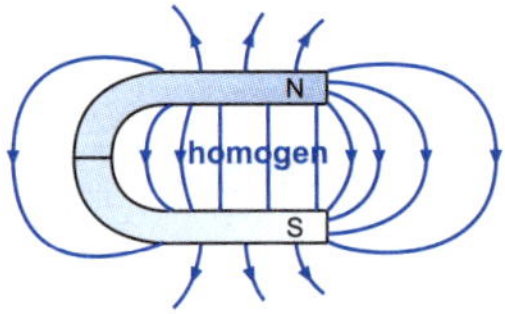

6 Eine Anordnung aus zwei sich koaxial im Abstand ihres Radius gegenüberstehenden Spulen zur Erzeugung eines allseitig zugänglichen Magnetfeldes wird als **Helmholtz-Spulenpaar** bezeichnet. In der Umgebung der Spulenachse kann das Magnetfeld in guter Näherung als homogen angesehen werden.

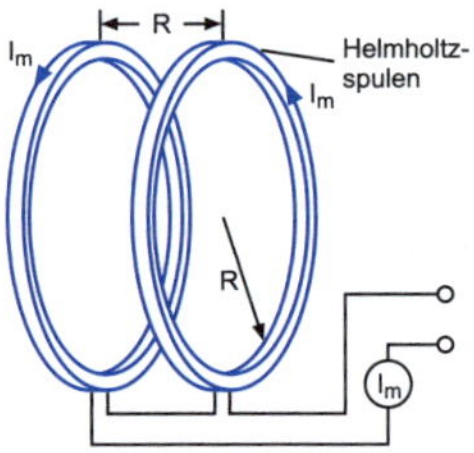

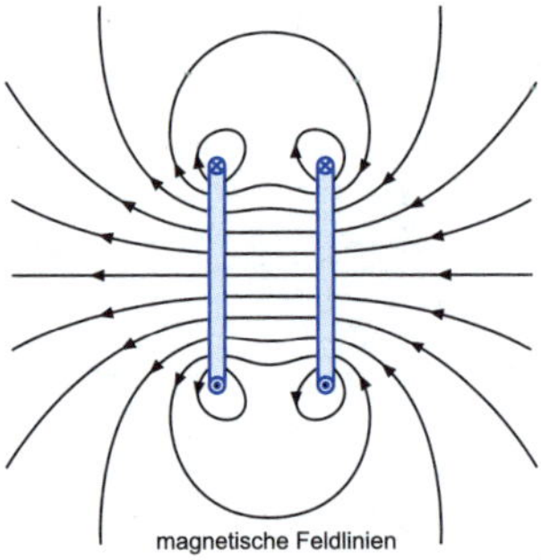

Für den Betrag B der magnetischen Flussdichte im homogenen Bereich gilt:

$$\mathbf{B = \sqrt{\left(\frac{4}{5}\right)^3} \cdot \mu_0 \cdot \frac{N}{R} \cdot I}$$

R bezeichnet dabei den Spulenradius.

Magnetfeld eines geraden stromdurchflossenen Leiters 7

Die **magnetischen Feldlinien** eines **geraden stromdurchflossenen Leiters** sind konzentrische Kreise in Ebenen senkrecht zum Leiter. Bei beiden Abbildungen steht der gerade Leiter senkrecht auf der Zeichenebene. Die technische Stromrichtung ist bei Bild

A: in die Zeichenebene hinein (Symbol ×),

B: aus der Zeichenebene heraus (Symbol •).

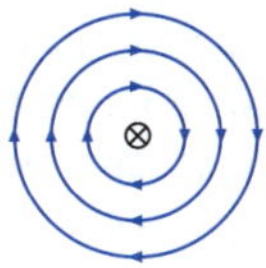

A

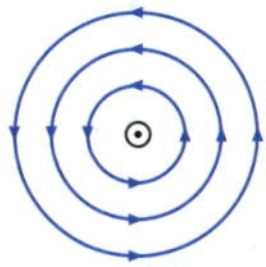

B

Umfasst man mit den gekrümmten Fingern der rechten Hand den Leiter so, dass der ausgestreckte Daumen in die technische Stromrichtung zeigt, so deuten die Fingerspitzen der anderen Finger in Feldrichtung (Bild C).

Fließt ein Strom der Stärke I durch den Draht, so gilt für den Betrag der magnetischen Flussdichte im Abstand r von der Drahtachse:

$$\mathbf{B = \frac{\mu_0}{2 \cdot \pi} \cdot \frac{I}{r}}$$

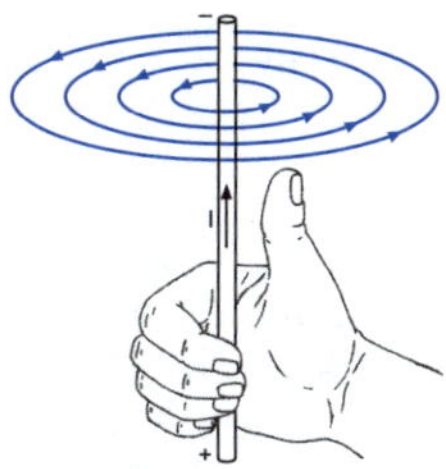

C

Magnetfeld eines Kreisstroms 8

Das Magnetfeld eines von einem Strom der Stärke I durchflossenen Kreisrings vom Radius R ist rotationssymmetrisch bezüglich der Ringachse. In einem Achsenpunkt P im Abstand d vom Ringmittelpunkt M gilt für den Betrag B der magnetischen Flussdichte:

$$\mathbf{B = \mu_0 \cdot \frac{I \cdot R^2}{2 \cdot \sqrt{(R^2 + d^2)^3}}}$$

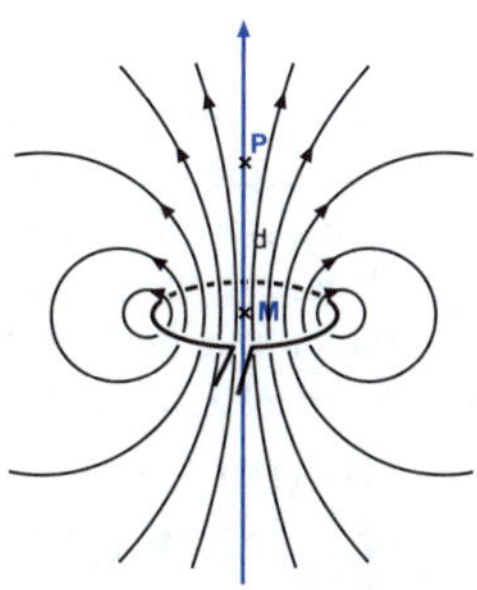

21 Magnetische Feldstärke

1 Bezeichnet $\vec{B}$ die Flussdichte eines materiefreien, magnetischen Felds in einem Punkt P, so versteht man unter der **magnetischen Feldstärke $\vec{H}$** in P den Vektor:

$$\vec{H} = \frac{\vec{B}}{\mu_0}$$

2 Ausgedrückt durch die SI-Basiseinheiten besitzt die **magnetische Feldstärke** die **Einheit** $\frac{A}{m}$.

Begründung:

$$[H] = \left[\frac{B}{\mu_0}\right] \overset{(\rightarrow 19|7)}{\underset{(\rightarrow 20|4)}{=}} \frac{\frac{V \cdot s}{m^2}}{\frac{V \cdot s}{A \cdot m}} = \frac{A}{m}$$

3 Die Einführung der Feldgröße $\vec{H}$ ist für materiefreie Magnetfelder nicht erforderlich, erweist sich aber bei der Beschreibung von Magnetfeldern in Materie als zweckmäßig. Darüber hinaus kommt der magnetischen Feldstärke eine eigenständige physikalische Bedeutung zu, da sie Rückschlüsse auf die Stromdichte des felderzeugenden Stroms ermöglicht.

4 Die sich aus der Definition von $\vec{H}$ ergebende Gleichung

$$\vec{B} = \mu_0 \cdot \vec{H}$$

heißt auch **Grundgleichung des Magnetfelds**.

5 Nach dem **Superpositionsprinzip für magnetische Felder** ergeben sich die magnetische Feldstärke $\vec{H}_{ges}(P)$ bzw. die magnetische Flussdichte $\vec{B}_{ges}(P)$ in einem Punkt P eines magnetischen Felds, das durch Überlagerung mehrerer magnetischer Einzelfelder entstanden ist, als Vektorsumme der Einzelfeldstärken $\vec{H}_i(P)$ bzw. der Einzelflussdichten $\vec{B}_i(P)$ im Punkt P:

$$\vec{H}_{ges}(P) = \vec{H}_1(P) + \ldots + \vec{H}_n(P) \qquad \text{bzw.}$$

$$\vec{B}_{ges}(P) = \vec{B}_1(P) + \ldots + \vec{B}_n(P)$$

22 Die Lorentzkraft

Die Erfahrung zeigt, dass allgemeiner als in (→ 19|6) in einem homogenen Magnetfeld der Flussdichte $\vec{B}$ auf einen geraden Leiter der Länge ℓ, der mit $\vec{B}$ den Winkel φ einschließt und von einem Strom der Stärke I durchflossen wird, eine Kraft $\vec{F}$ vom Betrag 1

$$F = I \cdot B \cdot \ell \cdot \sin\varphi$$

wirkt. Sie steht auf der von $\vec{I}$ und $\vec{B}$ aufgespannten Ebene senkrecht und ist so orientiert, dass $\vec{I}$, $\vec{B}$, $\vec{F}$ ein Rechtssystem bilden.

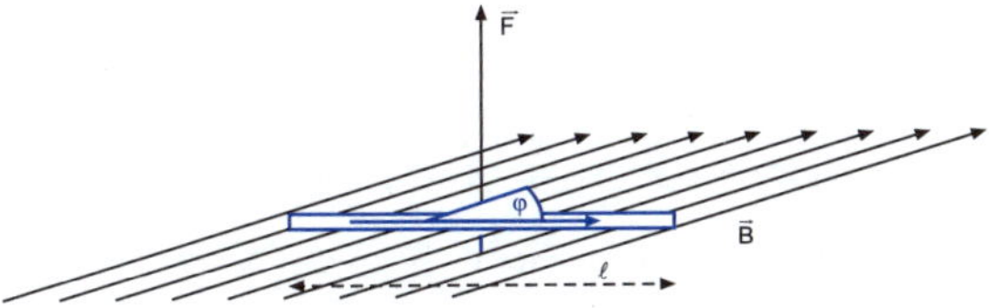

Der Elektromagnetismus sieht die Ursache für diese Kraft in einer Feldverdichtung bzw. -verdünnung, die aus der Überlagerung des vom stromdurchflossenen Leiter erzeugten Magnetfelds mit dem äußeren Magnetfeld resultiert (siehe Abbildung). Wegen des empirisch gesicherten Bestrebens der Feldlinien sich zu verkürzen entsteht eine Kraft in Richtung des feldverdünnten Raums. 2
Diese „Erklärung" trifft aber den Kern des Problems nicht. Erst eine relativistische Betrachtung deckt auf, dass die auf den Leiter wirkende Kraft letztlich eine elektrische Kraft ist.

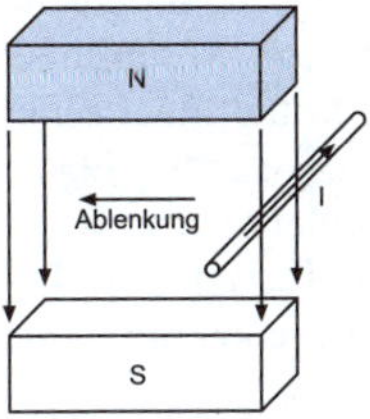

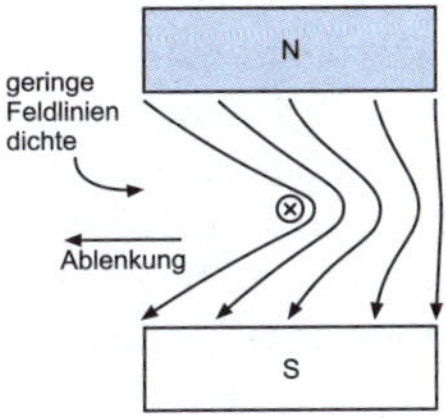

3 Die Beziehung (→ 22|1) erlaubt den Rückschluss, dass auf ein Teilchen, das eine Ladung vom Betrag q trägt und sich mit der Geschwindigkeit $\vec{v}$ durch ein Magnetfeld der Flussdichte $\vec{B}$ bewegt, eine Kraft $\vec{F}$ vom Betrag

$$\mathbf{F = q \cdot v \cdot B \cdot \sin\varphi}$$

wirkt. φ bezeichnet den Winkel, den die Vektoren $\vec{v}$ und $\vec{B}$ einschließen.

Begründung: Ersetzt man in (→ 22|1) die Stromstärke I durch den im Drude-Lorentz-Modell (→ 12|3) gefundenen Ausdruck

$$I = n \cdot A \cdot v_D \cdot e,$$

so erhält man:

$$F_{Leiter} = I \cdot B \cdot \ell \cdot \sin\varphi = n \cdot A \cdot v_D \cdot e \cdot B \cdot \ell \cdot \sin\varphi$$

$$= n \cdot A \cdot \ell \cdot B \cdot e \cdot v_D \cdot \sin\varphi = n \cdot V \cdot B \cdot e \cdot v_D \cdot \sin\varphi$$

$$= N \cdot B \cdot e \cdot v_D \cdot \sin\varphi$$

N bezeichnet die Gesamtzahl der mit der Geschwindigkeit v_D durch den Leiter fließenden Elektronen, sodass auf ein Elektron die Kraft $F_{Elektron}$ wirkt:

$$F_{Elektron} = \frac{F_{Leiter}}{N} = e \cdot v_D \cdot B \cdot \sin\varphi$$

4 Die Kraft $\vec{F}$, die ein geladenes, bewegtes Teilchen in einem Magnetfeld erfährt, heißt **Lorentzkraft**. Sie hat den in (→ 22|3) genannten Betrag und steht auf der von $\vec{v}$ und $\vec{B}$ aufgespannten Ebene senkrecht. Ihre Richtung findet man, indem Daumen, Zeige- und Mittelfinger der rechten Hand so abgespreizt werden, dass der Mittelfinger senkrecht auf der von den beiden anderen Fingern aufgespannten Ebene steht. Zeigt der Daumen in Richtung $\vec{v}$ und der Zeigefinger in Richtung $\vec{B}$, so deutet der Mittelfinger in Richtung von $\vec{F}$, wenn die Ladung positiv ist. Eine negative Ladung erfährt die Lorentzkraft in die Gegenrichtung.

Werden zwei im Abstand r parallel verlaufende, gerade Leiter der Länge ℓ gleichsinnig (Bild A) von Strömen der Stärke I_1, I_2 durchflossen, so zieht der eine Leiter den anderen mit einer Kraft vom Betrag 5

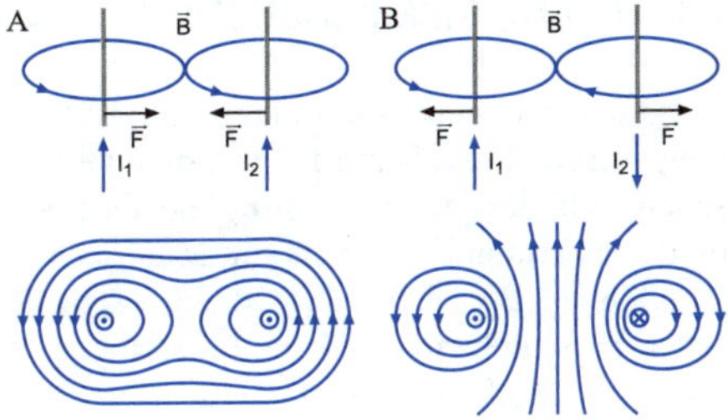

$$F = \frac{\mu_0}{2 \cdot \pi} \cdot \frac{I_1 \cdot I_2}{r} \cdot \ell$$

an. Bei entgegengesetzter Stromrichtung stoßen sie sich mit dem gleichen Kraftbetrag ab (Bild B).

Begründung: Da der Leiter 2 nach (→ 20|7) am Ort des Leiters 2 ein Magnetfeld der Flussdichte

$$B(r) = \frac{\mu_0}{2 \cdot \pi} \cdot \frac{I_1}{r}$$

erzeugt, erfährt der Leiter 2 nach (→ 19|6) die Kraft:

$$F = I_2 \cdot B(r) \cdot \ell = I_2 \cdot \frac{\mu_0}{2 \cdot \pi} \cdot \frac{I_1}{r} \cdot \ell$$

Die Kraftrichtungen ergeben sich mithilfe der Drei-Finger-Regel der rechten Hand (→ 19|4) aus dem Verlauf der Feldlinien eines geraden stromdurchflossenen Leiters (→ 20|7).

Die Beziehung (→ 22|5) verwendet man zur **Definition des Amperes**: 6

Fließt je ein stationärer elektrischer Strom durch zwei im Vakuum parallel im Abstand 1 m voneinander angeordnete, geradlinige unendlich lange Leiter von vernachlässigbar kleinem Querschnitt und ruft je 1 m zwischen diesen die Kraft $2 \cdot 10^{-7}$ N hervor, so besitzt er die Stärke 1 A.

23 Materie im Magnetfeld

1 Vergleichsmessungen mit einer Hallsonde (→ 28 | 3) zeigen, dass die magnetische Flussdichte $\vec{B}$ im Inneren einer langen, stromdurchflossenen Zylinderspule bei sonst gleichen Bedingungen davon abhängt, ob der Innenraum der Spule mit Materie gefüllt oder evakuiert ist. Bezeichnen B_{mat} bzw. B_{vak} die Beträge der zugehörigen magnetischen Flussdichten, so versteht man unter der **relativen Permeabilität** des Füllstoffs den Quotienten

$$\mu_r = \frac{B_{mat}}{B_{vak}}$$

Die benennungslose Verhältniszahl μ_r eignet sich zur quantitativen Erfassung der magnetischen Eigenschaften der Materie.

2 Alle Stoffe zeigen magnetisches Verhalten, erzeugen also unter dem Einfluss eines äußeren Magnetfelds ein Eigenmagnetfeld. Nach dem Wert ihrer relativen Permeabilität unterscheidet man drei Stoffgruppen: **Dia-, Para- und Ferromagnete**. Dia- und Paramagnetismus sind Eigenschaften einzelner Atome oder Moleküle. Ferromagnetismus kann nur in Festkörpern auftreten.

3 **Diamagnetische Erscheinungen** sind sehr schwach, immer von der Temperatur unabhängig und treten bei allen Atomen, Molekülen und Festkörpern auf. Diamagnetische Stoffe wie z. B. Wismut, Kupfer, Wasser

a) werden in einem inhomogenen Magnetfeld in das Gebiet kleinerer Feldstärke gedrängt,
b) besitzen eine relative Permeabilität, die etwas kleiner als 1 ist,
c) weisen im Inneren eine kleinere Feldliniendichte als das äußere Feld auf.

4 **Diamagnetismus** erklärt man im Rahmen der klassischen Physik modellhaft durch die Vorstellung, dass die in der Atomhülle „umlaufenden Elektronen“ wie Kreisströme wirken und eigene Magnetfelder erzeugen. Im Atom eines Diamagneten kompensieren sich die Magnetfelder aller Elektronen. Unter dem Einfluss eines äußeren

Magnetfelds wird aber das ganze Atom ohne Änderung der Bewegung seines Elektronensystems in eine Präzessionsbewegung um eine zum äußeren Magnetfeld parallele Achse versetzt und so ein dem äußeren Magnetfeld entgegengesetztes, kleines, atomares Magnetfeld erzeugt.

Paramagnetische Erscheinungen sind stärker als diamagnetische und nehmen mit steigender Temperatur ab. Paramagnetische Stoffe 5
wie z. B. Platin, Eisenchlorid, Hartgummi
a) werden in einem inhomogenen Magnetfeld in das Gebiet größerer Feldstärke gedrängt,
b) besitzen eine relative Permeabilität, die etwas größer als 1 ist,
c) weisen im Inneren eine größere Feldliniendichte als das äußere Feld auf.

Zur **Erklärung des Paramagnetismus** im Rahmen der klassischen 6
Physik stellt man sich modellhaft vor, dass sich in einem Atom oder Molekül die durch die atomaren Kreisströme erzeugten Magnetfelder nicht vollständig gegenseitig aufheben und durch ein äußeres Magnetfeld eine Richtwirkung erfahren, der jedoch die Temperaturbewegung entgegenwirkt.

Ferromagnetismus 7
a) findet man nur bei kristallinen Substanzen;
b) nimmt mit wachsender Temperatur ab;
c) verschwindet bei einer bestimmten Temperatur, dem so genannten Curiepunkt, völlig;
d) hängt von der Stärke des erregenden Felds und
e) der Vorgeschichte des Stoffs ab.
f) Freie Atome von Ferromagnetika verhalten sich paramagnetisch.
g) Die relative Permeabilität μ_r von **ferromagnetischen Stoffen** kann sehr hohe Werte von über 10 000 erreichen.

8 Den **Ferromagnetismus erklärt** man damit, dass die freien Elektronen in einem ferromagnetischen Kristall subatomare Magnetfelder erzeugen, die innerhalb so genannter **Weiß'scher Bezirke** auch im unmagnetischen Zustand ohne Einwirkung eines äußeren Felds bis zur Sättigung parallel ausgerichtet sind.
Die Weiß'schen Bezirke erstrecken sich linear über Bereiche von 10^{-6} bis 10^{-8} m und enthalten etwa 10^6 bis 10^9 Atome. Da die Ausrichtungen benachbarter Bezirke anders orientiert sind, kompensieren sie sich im feldfreien Zustand innerhalb eines makroskopischen Bereichs.
Unter der Wirkung eines äußeren Magnetfelds wachsen aber die Bereiche, deren Magnetisierungsrichtung einen spitzen Winkel zur Feldrichtung bilden, auf Kosten anderer, sodass ein resultierendes Magnetfeld entsteht. Die Ummagnetisierung findet aber nicht stetig statt.
Beim abnehmenden Magnetfeld werden nicht alle Weiß'schen Bezirke in ihrer ursprünglichen Größe und Orientierung wieder hergestellt. Nach dem Verschwinden des Feldes bleibt eine gewisse Magnetisierung erhalten.

9 Die **Abhängigkeit der relativen Permeabilität μ_r von der Vorgeschichte** eines ferromagnetischen Stoffs kann man mit folgender Versuchsanordnung darstellen (siehe Abbildung):

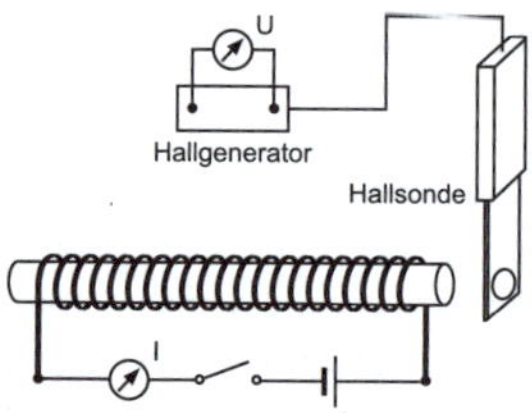

Man erhöht die Stärke I eines Stroms in einer mit dem Ferromagnet gefüllten, lang gestreckten Spule, führt anschließend die Stromstärke wieder auf null zurück und lässt den Strom dann in der Gegenrichtung erneut ansteigen. Dabei misst man mit einem Amperemeter die Stromstärke I und mit einer Hallsonde (→ 28|3) die zugehörige magnetische Flussdichte B. Trägt man entsprechend der Grundgleichung des magnetischen Feld in Materie

$$B = \mu_r \cdot \mu_0 \cdot H$$

B gegen $H = \frac{I \cdot N}{\ell}$ an, so ergibt sich die so genannte Hystereseschleife.

Erklärung der Hystereseschleife 10

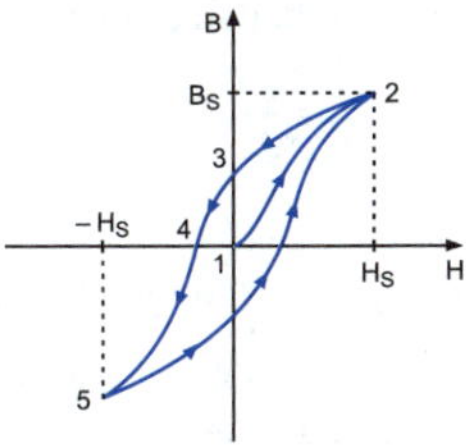

War das Material ursprünglich unmagnetisch, beginnt die Kurve im Nullpunkt (Punkt 1). Mit wachsendem H wird die so genannte **Neukurve** durchlaufen, die im Punkt 2 bei H_S die Sättigungsmagnetisierung erreicht. Für noch größeres H trägt das ferromagnetische Material nichts mehr zum Anwachsen von B bei, da die subatomaren Magnetfelder aller Elektronen parallel ausgerichtet sind. Nimmt H wieder ab, so behält die Probe bei $H = 0$ (Punkt 3) wegen (→ 23|8) eine bestimmte Magnetisierung, die so genannte **Remanenz**. Die Beseitigung dieser Restmagnetisierung erreicht man bei Punkt 4 durch Anwenden eines Gegenfelds vom Betrag H_e, der so genannten **Koerzitivfeldstärke**. Bei weiterem Anwachsen der Feldstärke H in der Gegenrichtung wird im Punkt 5 bei $-H_S$ wieder die Sättigung der Probe erreicht, nur in der Gegenrichtung.

Der **Flächeninhalt der Hystereseschleife** ist ein Maß für die Arbeit, 11
die bei der Ummagnetisierung geleistet wird. Stoffe mit breiter Hystereseschleife, also großer Remanenz und großer Koerzitivfeldstärke, eignen sich für Dauermagnete, Stoffe mit kleiner umschlossener Fläche benötigt man für Eisenbleche in der Wechselstromtechnik.

24 Vergleich zwischen elektro- und magnetostatischem Feld

Die **Ursache** für **ein stationäres**

elektrisches Feld sind **ruhende elektrische Ladungen**.	**magnetisches Feld** sind **bewegte elektrische Ladungen**.

Als feldbeschreibende Größe verwendet man die

elektrisches Feldstärke $\vec{E}$, deren Betrag die Feldkraft auf	**magnetische Flussdichte** $\vec{B}$, deren Betrag die Feldkraft auf

eine Einheitsladung angibt:

$$E = \frac{F}{q}$$

einen Einheitsstrom in einen Leiter von Einheitslänge angibt:

$$B = \frac{F}{I \cdot \ell}$$

Da man sich an jeder Stelle das Feld durch

einen kleinen Plattenkondensator erzeugt denken kann,

eine kleine Zylinderspule erzeugt denken kann,

lässt sich das Feld durch eine weitere Feldgröße,

die **elektrische Verschiebungsdichte** $\vec{D}$, beschreiben. Deren Betrag entspricht der Dichte der felderzeugenden Ladungen auf dem gedachten Kondensator:

$$D = \frac{Q}{A}$$

die **magnetische Feldstärke** $\vec{H}$, beschreiben. Deren Betrag entspricht der Dichte des felderzeugenden Stroms auf der gedachten Zylinderspule:

$$H = \frac{I \cdot N}{\ell}$$

Die beiden Feldgrößen sind über die **Grundgleichung** miteinander verknüpft:

$$\vec{D} = \varepsilon_0 \cdot \vec{E}$$

$\varepsilon_0 = 8{,}85 \cdot 10^{-12}\ \frac{A \cdot s}{V \cdot m}$ heißt **elektrische Feldkonstante**.

$$\vec{B} = \mu_0 \cdot \vec{H}$$

$\mu_0 = 4 \cdot \pi \cdot 10^{-7}\ \frac{V \cdot s}{A \cdot m}$ heißt **magnetische Feldkonstante**.

Das Feld übt auf eine **ruhende Ladung** vom Betrag q

eine Kraft vom Betrag $F = q \cdot E$ aus.

keine Kraft aus.

Eine mit der Geschwindigkeit $\vec{v}$ durchs Feld **bewegte Ladung** erfährt

unabhängig von Geschwindigkeitsbetrag und -richtung eine elektrische Kraft vom Betrag

$$F = q \cdot E.$$

die geschwindigkeitsabhängige Lorentzkraft vom Betrag

$$F = q \cdot v \cdot B \cdot \sin \alpha,$$

wobei α den von den Vektoren $\vec{v}$ und $\vec{B}$ eingeschlossenen Winkel bezeichnet.

Je nachdem, ob $q > 0$ bzw. $q < 0$,

wirkt die Kraft parallel bzw. antiparallel zur Feldrichtung.	bilden $\vec{F}$, $\vec{v}$ und $\vec{B}$ ein Rechts- bzw. Linkssystem.

Die Feldstruktur lässt sich durch **Feldlinien** veranschaulichen,

die stets an elektrischen Ladungen beginnen und enden und niemals in sich geschlossen sind.	die stets in sich geschlossen sind und weder einen Anfangs- noch einen Endpunkt besitzen.
Das elektrische Feld ist ein **Quellenfeld**. Seine Quellen sind die elektrischen Ladungen.	Das Magnetfeld ist ein **quellenfreies Feld**.

Ein **homogenes Feld** findet man

zwischen den Platten eines geladenen Plattenkondensators.	im Inneren einer lang gestreckten, stromdurchflossenen Zylinderspule.
Gemäß $E = \frac{U}{d}$ erhält man den Betrag der elektrischen Feldstärke durch eine Spannungs- und eine Längenmessung.	Gemäß $B = \mu_0 \cdot \frac{I \cdot N}{\ell}$ erhält man den Betrag der magnetischen Flussdichte durch eine Stromstärkemessung, eine Längenmessung und durch Abzählen der Wicklungen.

Das Verhalten von Materie im Feld lässt sich quantitativ durch die benennungslose Verhältniszahl

relative Dielektrizitätskonstante ε_r beschreiben.	**relative Permeabilität** μ_r beschreiben.

Die Grundgleichung in einem mit Materie gefüllten Feld lautet:

$\vec{D} = \varepsilon_r \cdot \varepsilon_0 \cdot \vec{E}$	$\vec{B} = \mu_r \cdot \mu_0 \cdot \vec{H}$

Ladungsträger im elektromagnetischen Feld

25 Ladungsträger im homogenen elektrischen Feld

Ein **Teilchen** der Masse m und der Ladung q erfährt in einem elektrischen Feld wegen 1

$$\vec{F}_{Newton} = \vec{F}_{elektrisch} \quad \Leftrightarrow \quad m \cdot \vec{a} = q \cdot \vec{E}$$

eine zum Feldstärkevektor $\vec{E}$ parallele **Beschleunigung**:

$$\vec{a} = \frac{q}{m} \cdot \vec{E}$$

Bewegung im homogenen elektrischen Längsfeld

Ist die Ausgangsgeschwindigkeit $\vec{v}_0$ des Teilchens null oder parallel 2
zu $\vec{E}$ und das **elektrische Feld homogen**, so wird es längs einer Geraden parallel zu den Feldlinien konstant beschleunigt.
Für diese **Bewegung im homogenen elektrischen Längsfeld** gelten die aus der Mechanik bekannten Gesetze für den

senkrechten Wurf nach unten. **senkrechter Wurf nach oben.** **freien Fall.**

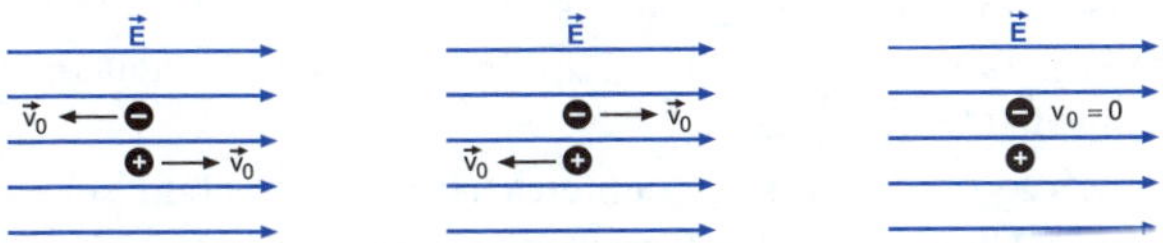

Befindet sich das Teilchen zum Zeitpunkt t = 0 im Ursprung einer Koordinatenachse, die parallel und in Richtung des Feldstärkevektors $\vec{E}$ verläuft, so gilt für seine **Geschwindigkeit** v(t) zum Zeitpunkt t

$$v(t) = \frac{q}{m} \cdot E \cdot t + v_0$$

und für seine Entfernung vom Koordinatenursprung:

$$x(t) = \frac{1}{2} \cdot \frac{q}{m} \cdot E \cdot t^2 + v_0 \cdot t$$

In diesen Formeln ist bei q das Ladungsvorzeichen zu berücksichtigen. Geschwindigkeiten sind positiv, wenn sich das Teilchen in Richtung des Feldstärkevektors bewegt, andernfalls negativ.

3 Durchläuft das Teilchen die Potenzialdifferenz U, so entspricht die Änderung seiner kinetischen Energie der elektrischen Transportarbeit q · U (→ 3|12):

$$\frac{1}{2} \cdot m \cdot v^2 - \frac{1}{2} \cdot m \cdot v_0^2 = \pm |q \cdot U|$$

Nach Durchlaufen einer Potenzialdifferenz U besitzt das Teilchen also den Geschwindigkeitsbetrag:

$$\mathbf{v = \sqrt{v_0^2 \pm \left| 2 \cdot \frac{q}{m} \cdot U \right|}}$$

Vom Doppelvorzeichen ± verwendet man das Minuszeichen beim „senkrechten Wurf nach oben“, sonst das Pluszeichen.

Bewegung im homogenen elektrischen Querfeld

4 Tritt das Teilchen mit der Anfangsgeschwindigkeit $\vec{v}_0$ senkrecht zu den Feldlinien in ein homogenes elektrisches Feld der Feldstärke $\vec{E}$ ein, so

a) bewegt es sich senkrecht zu den Feldlinien geradlinig gleichförmig mit dem Geschwindigkeitsbetrag $\vec{v}_0$;

b) erfährt es parallel zu den Feldlinien eine konstante Beschleunigung vom Betrag $a = \frac{q}{m} \cdot E$.

Für diese **Bewegung im homogenen elektrischen Querfeld** gelten die aus der Mechanik bekannten Gesetze für den waagrechten Wurf.

5 Befindet sich das Teilchen zum Zeitpunkt t = 0 im Ursprung eines Koordinatensystems, dessen y-Achse parallel und in Richtung des Feldstärkevektors $\vec{E}$ und dessen x-Achse dazu senkrecht verläuft, so gilt in

	x-Richtung	**y-Richtung**
für die **Beschleunigung**:	(1) $a_x(t) = 0\,\frac{m}{s^2}$	(2) $a_y(t) = \frac{q}{m} \cdot E$
für die **Geschwindigkeit**:	(3) $v_x(t) = v_0$	(4) $v_y(t) = \frac{q}{m} \cdot E \cdot t$
für die **Entfernung vom Koordinatenursprung**:	(5) $x(t) = v_0 \cdot t$	(6) $y(t) = \frac{1}{2} \cdot \frac{q}{m} \cdot E \cdot t^2$

Löst man in (5) nach t auf und setzt in (6) ein, erhält man die **Gleichung der Bahnkurve**: 6

(7) $\mathbf{y(x) = \frac{1}{2} \cdot \frac{q}{m} \cdot \frac{E}{v_0^2} \cdot x^2}$

Der Graph ist eine Parabel mit Scheitel im Koordinatenursprung, die je nach dem, ob $q > 0$ bzw. $q < 0$, nach oben bzw. unten geöffnet ist.

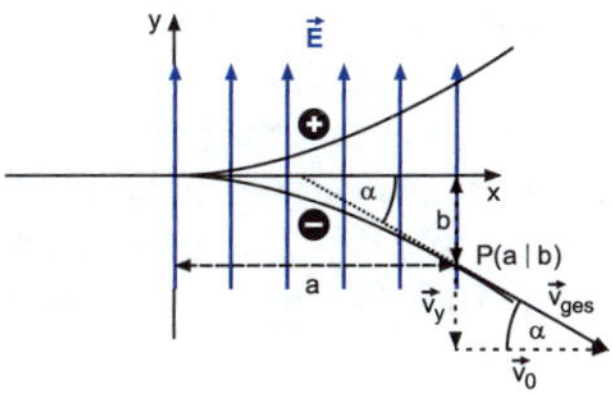

Hat das Teilchen in horizontaler Richtung die Strecke a zurückgelegt, so erhält man 7

a) seine y-Koordinate durch Einsetzen von $x = a$ in die Bahngleichung:

(8) $\mathbf{b = \frac{1}{2} \cdot \frac{q}{m} \cdot \frac{E}{v_0^2} \cdot a^2}$

b) seine Geschwindigkeitskomponente v_y parallel zur y-Achse durch Einsetzen von $t = \frac{a}{v_0}$ in (4):

(9) $\mathbf{v_y = \frac{q}{m} \cdot E \cdot \frac{a}{v_0}}$

c) den Betrag v_{ges} seiner Gesamtgeschwindigkeit mithilfe des Satzes von Pythagoras $v_{ges} = \sqrt{v_0^2 + v_y^2}$ aus (9):

$$v_{ges} = \sqrt{v_0^2 + \left(\frac{q}{m} \cdot E \cdot \frac{a}{v_0}\right)^2}$$

d) den Winkel α seiner Ablenkung aus der Horizontalen aus der Beziehung $\tan\alpha = \frac{v_y}{v_0}$ mittels (9):

$$\tan\alpha = \frac{q}{m} \cdot E \cdot \frac{a}{v_0^2}$$

8 Die Bewegung von Ladungsträgern im elektrischen Feld lässt sich experimentell nur im Vakuum untersuchen, wo kaum Zusammenstöße mit Luftmolekülen stattfinden. Da die Erzeugung und Einbringung positiver Ladungsträger wie Positronen oder Protonen in Vakuumröhren mit erheblichen Schwierigkeiten verbunden ist und Protonen wegen ihrer wesentlich größeren Masse in elektrischen Feldern eine wesentlich geringere Ablenkung als Elektronen erfahren, verwendet man in der Schule als Ladungsträger nur Elektronen, die aus einer in die Vakuumröhre eingeschmolzenen Elektrode glühelektrisch (→ 15|4) freigesetzt werden.

26 Ladungsträger im homogenen Magnetfeld

1 Die Bahnkurve, auf der sich Ladungsträger durch ein homogenes Magnetfeld der Flussdichte $\vec{B}$ bewegen, hängt vom Eintrittswinkel ab. Erfolgt ihr Eintritt

a) **parallel zu den Feldlinien**, wirkt keine (→ 22|3) Lorentzkraft auf sie. Unabgelenkt bewegen sie sich mit konstanter Geschwindigkeit längs einer Geraden parallel zu den Feldlinien.

b) **senkrecht zu den Feldlinien**, erfahren sie eine (→ 22|3) Lorentzkraft senkrecht zur Bewegungs- und zur Feldrichtung, die ihren Geschwindigkeitsbetrag aber nicht ändert. Sie durchlaufen eine Kreisbahn in einer Ebene senkrecht zu $\vec{B}$.

c) **weder senkrecht noch parallel zu den Feldlinien**, zerlegt man ihren Geschwindigkeitsvektor in zwei zueinander senkrechte Kom-

ponenten $\vec{v}_p$ bzw. $\vec{v}_s$ parallel bzw. senkrecht zur Magnetfeldrichtung. Mit $\vec{v}_p$ bewegt sich das Teilchen parallel zu den Feldlinien, mit $\vec{v}_s$ durchläuft es eine Kreisbahn.
Die Zusammensetzung dieser Einzelbewegungen ergibt eine Schraubenlinie, deren Achse parallel zur Magnetfeldrichtung verläuft.

Beschreibt ein Teilchen der Masse m und der Ladung q in einem Magnetfeld der Flussdichte $\vec{B}$ eine **Kreisbahn** vom Radius r, so gilt die **Kräftebilanz**: 2

$$F_{Lorentz} = F_{Zentral}$$

$$q \cdot v \cdot B = \frac{m \cdot v^2}{r}$$

Durch Auflösen nach r ergibt sich aus (→ 26|2) der **Kreisbahnradius**: 3

$$\mathbf{r = \frac{m \cdot v}{q \cdot B}}$$

Zum **Durchlaufen eines Vollkreisbogens** benötigt das Teilchen die **Zeit**: 4

$$\mathbf{T = \frac{2 \cdot m \cdot \pi}{q \cdot B}}$$

Teilchen mit gleicher **spezifischer Ladung** (→ 27|1) haben daher unabhängig von ihrer Geschwindigkeit **gleiche Umlaufszeiten**.

Begründung: Da der in der Zeit T mit konstantem Geschwindigkeitsbetrag v zurückgelegte Weg $v \cdot T$ der Umfang $2 \cdot r \cdot \pi$ eines Kreises vom Radius r ist, gilt: $v \cdot T = 2 \cdot r \cdot \pi$. Die Beziehung für T ergibt sich hieraus durch Einsetzen von (→ 26|3) und Auflösen nach T.

Tritt ein Teilchen der Masse m und der Ladung q mit der Geschwindigkeit $\vec{v}$ unter dem Winkel α gegen die Flussdichte $\vec{B}$ in ein homogenes Magnetfeld ein, so versteht man unter der **Ganghöhe der Schraubenlinie** die Strecke h, die das Teilchen, nach Durchlaufen einer Windung, parallel zur Schraubenachse zurückgelegt hat. 5

Es gilt:

$$\mathbf{h = v \cdot \cos\alpha \cdot \frac{2 \cdot \pi \cdot m}{q \cdot B}}$$

Begründung: Die Beziehung ergibt sich durch Einsetzen von (→ 26|4) in:

$$\left.\begin{aligned} h &= v_p \cdot T \\ v_p &= v \cdot \cos\alpha \end{aligned}\right\} \Rightarrow$$

$$h = v \cdot \cos\alpha \cdot T$$

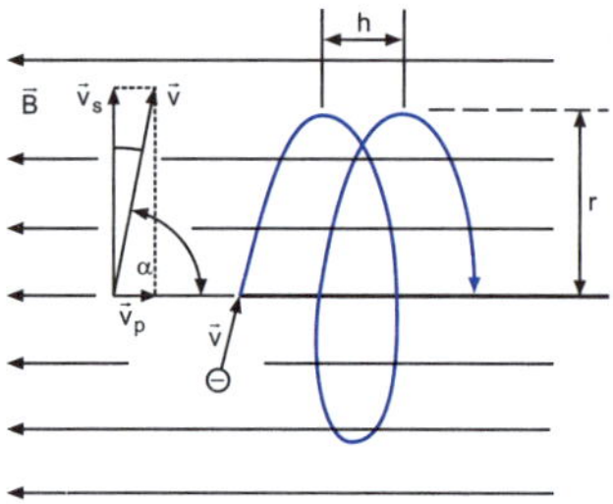

27 Messung spezifischer Teilchenladungen

1 Unter der spezifischen Ladung eines Teilchens versteht man den Quotienten $\frac{q}{m}$ aus seiner Ladung q und seiner Masse m.

2 Die **spezifische Elektronenladung** wird in der Schule mit einen Fadenstrahlrohr gemessen. Das ist eine nur mit Wasserstoffgas sehr geringen Drucks gefüllte Glasröhre, in die eine Glühkathode K und eine Anode A mit Loch eingeschmolzen sind.

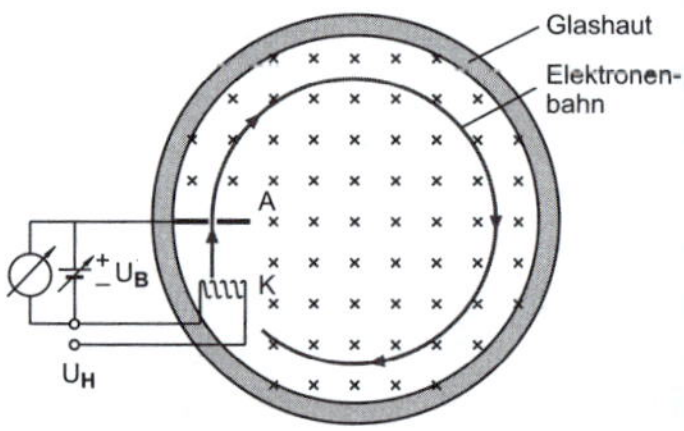

U_H: Heizspannung (ca. 6 V)
U_B: Beschleunigungsspannung (ca. 260 V)

Glühelektrisch (→ 15|4) bei K frei gesetzte Elektronen werden durch die Spannung U_B im **elektrischen Längsfeld** zwischen K und A beschleunigt und treten hinter A senkrecht zu den Feldlinien in ein **homogenes Magnetfeld** der Flussdichte $\vec{B}$ ein. Dort regen Sie die Wasserstoffatome an (→ Band 3, 8|1), die bei der Rückkehr in den Grundzustand Licht aussenden. So wird die Kreisbahn der Elektronen sichtbar.
Gemessen werden der Betrag der Beschleunigungsspannung U_B mit einem Voltmeter, der Betrag der Flussdichte $\vec{B}$ des Magnetfelds, z. B. mit einer Hallsonde (→ 28|3), und der Radius r der Elektronenbahn mit einem Spiegelmaßstab.

Zwischen diesen Größen und der spezifische Elektronenladung besteht der Zusammenhang:

$$\frac{e}{m} = \frac{2 \cdot U_B}{B^2 \cdot r^2}$$

Begründung: Nach dem Energiesatz im elektrischen Feld (→25|3) zwischen K und A gilt:

$$(1)\ e \cdot U_B = \frac{1}{2} \cdot m \cdot v^2$$

Kräftebilanz im Magnetfeld (→26|2):

$$(2)\ \frac{m \cdot v^2}{r} = e \cdot v \cdot B$$

Löst man (2) nach v auf und setzt in (1) ein, ergibt sich (→27|2).

Oft findet man in Versuchsanordnungen zur Messung der spezifischen Ladung von Teilchen **Wien'sche Geschwindigkeitsfilter**. Darunter versteht man eine Vorrichtung im Vakuum, in der ein homogenes elektrisches Feld und ein homogenes Magnetfeld senkrecht überlagert sind (siehe Abbildung). 3

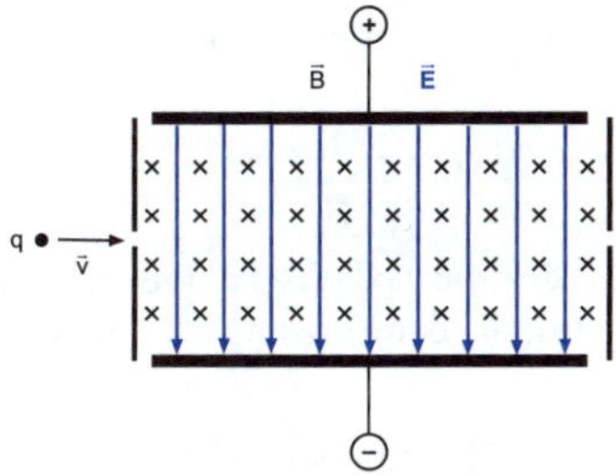

Treten Teilchen der Ladung q mit dem Geschwindigkeitsbetrag v senkrecht zu den Feldrichtungen in diese Anordnung, erfahren sie eine elektrische Kraft (→2|4) vom Betrag $F_{el} = q \cdot E$ und eine Lorentzkraft (→22|3) vom Betrag $F_{mag} = q \cdot v \cdot B$. Da die Richtungen dieser Kräfte unabhängig vom Ladungsvorzeichen und der Teilchenmasse stets entgegengesetzt sind, ist die Gesamtkraft auf das Teilchen null, wenn

$$q \cdot E = q \cdot v \cdot B.$$

Daher können Teilchen mit der Geschwindigkeit

$$v = \frac{E}{B}$$

die Anordnung unabgelenkt passieren.

4 Bei der **Bainbridge'schen Versuchsanordnung** zur Messung der spezifischen Ladung positiver Ionen treten die Teilchen mit unterschiedlichen Geschwindigkeiten und spezifischen Ladungen bei P_1 in ein Wienfilter (→ 27|3) ein (Betrag der elektrischen Feldstärke: E_0; Betrag der magnetischen Flussdichte: B_0). Nur Ionen mit der Geschwindigkeit $v = \frac{E_0}{B_0}$ (→ 27|3) passieren es unabgelenkt und treten bei P_2 senkrecht zu den Feldlinien in ein homogenes Magnetfeld der Flussdichte $\vec{B}_1$ ein. Dort durchlaufen sie einen Halbkreis von Radius $\frac{d}{2}$ und gelangen in P_3 auf einen Registrierschirm. Ersetzt man in der Kräftebilanz im Magnetfeld B_1 (→ 26|2),

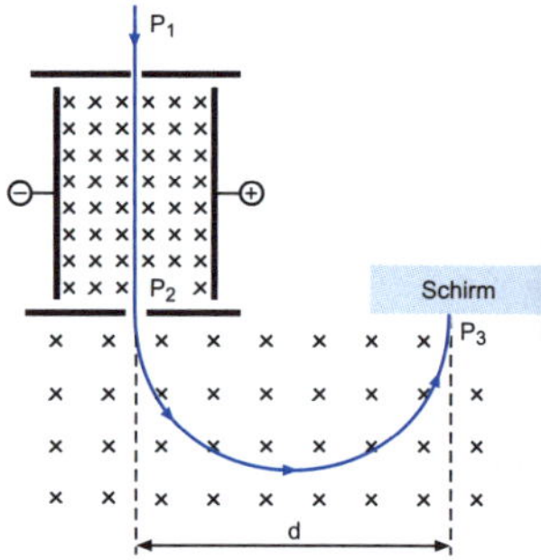

$$\frac{m \cdot v^2}{r} = q \cdot B_1 \cdot v,$$

v durch $v = \frac{E_0}{B_0}$ (→ 27|3) und löst nach $\frac{q}{m}$ auf, erhält man die Beziehung

$$\mathbf{\frac{q}{m} = \frac{2 \cdot E_0}{B_0 \cdot B_1 \cdot d}},$$

in der die spezifische Ionenladung nur durch Größen ausgedrückt wird, die der Messung zugänglich sind.

5 Bei der Bestimmung der **spezifischen Elektronenladung nach der Methode von Kirchner** werden glühelektrisch (→ 15|4) frei gesetzte Elektronen im elektrischen Längsfeld (→ 25|2; 3) zwischen K und A durch die Spannung U auf die Geschwindigkeit $\vec{v}$ beschleunigt. Die beiden Plattenkondensatoren K_1 und K_2 sind mit derselben Wechselspannungsquelle verbunden. Die Elektronen können die beiden Kondensatoren nur dann unabgelenkt passieren und in P auf den Registrierschirm treffen, wenn sie sowohl K_1 als auch K_2 gerade dann durchfliegen, wenn an den Kondensatoren

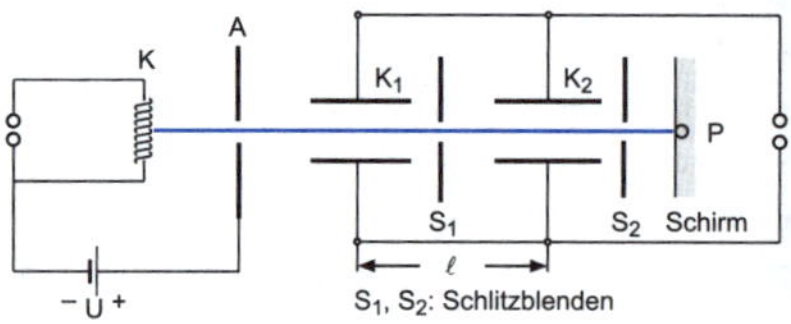

keine Spannung anliegt. Das ist nur möglich, wenn für ihre Geschwindigkeit gilt:

$$v = \frac{2 \cdot \ell \cdot f}{n}$$

f bezeichnet die Frequenz der Wechselspannung, n ist eine natürliche Zahl. Andererseits verlassen die Elektronen nach (→ 25|3) das Längsfeld mit der Geschwindigkeit

$$v = \sqrt{2 \cdot \frac{e}{m} \cdot U}$$

Setzt man beide Beziehungen gleich und löst nach $\frac{e}{m}$ auf, wird die spezifische Elektronenladung nur durch Größen ausgedrückt, die der Messung zugänglich sind:

$$\mathbf{\frac{e}{m} = \frac{2 \cdot \ell^2 \cdot f^2}{n^2 \cdot U}}$$

28 Halleffekt

1

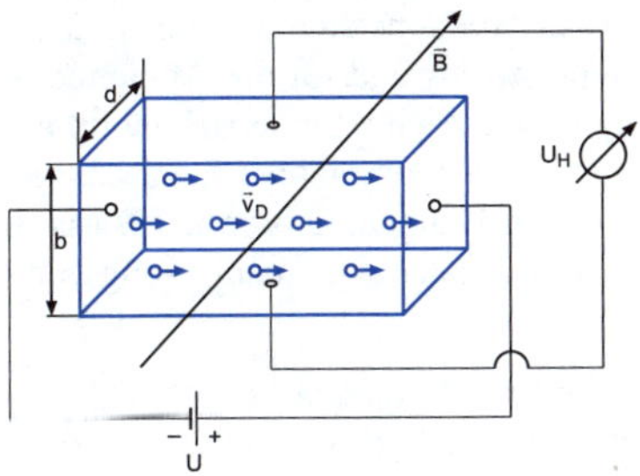

Wird ein gerader, stromdurchflossener Leiterstreifen senkrecht zur Stromrichtung von einem Magnetfeld durchsetzt, so tritt zwischen zwei exakt gegenüberliegenden Anschlussstellen eine Spannung U_H auf. Man nennt diese Erscheinung **Halleffekt** und die auftretende Spannung **Hallspannung**.

Erklärung: Unter dem Einfluss der angelegten Spannung U bewegen sich die Elektronen mit konstanter Driftgeschwindigkeit $\vec{v}_D$ und werden im Magnetfeld durch die Lorentzkraft $\vec{F}_{Lorentz}$ nach unten abgelenkt. So entsteht an der unteren Leiterbegrenzung ein Überschuss, an der oberen ein Mangel an Elektronen. Dieses Konzentrationsgefälle von Ladungsträgern erzeugt im Leiter ein elektrisches Feld $\vec{E}_H$, dessen

Feldkraft auf die Elektronen parallel, aber entgegengesetzt zu $\vec{F}_{Lorentz}$ wirkt. Hat sich das Konzentrationsgefälle so stark ausgebildet, dass $F_{el} = F_{Lorentz}$, werden neu durchströmende Elektronen nicht mehr abgelenkt. Aus der Kräftebilanz

$$F_{el} = F_{Lorentz}$$
$$e \cdot E_H = e \cdot v_D \cdot B$$

ergibt sich unter Berücksichtigung von $E_H = \frac{U_H}{b}$ (→ 5|3) die **Hallspannung**:

$$\mathbf{U_H = v_D \cdot B \cdot b}$$

2 Ersetzt man in dieser Beziehung v_D durch Beziehungen (→ 12|2; 3) des Drude-Lorentz-Modells, so erhält man für die **Hallspannung**:

$$\mathbf{U_H = \frac{R_H \cdot I \cdot B}{d}}$$

$R_H := \frac{1}{n \cdot q}$ heißt Hallkonstante, n bezeichnet die Ladungsträgerkonzentration im Hallplättchen, q die Ladung eines Ladungsträgers.

3 **Hallgeneratoren** sind rechteckige Plättchen aus einem Material mit großer Hallkonstante, die mit je 2 Elektroden für die Zuführung des Steuerstroms und für die Abnahme der Hallspannung versehen sind. Da bereits kleine Steuerströme im mA-Bereich auch bei kleinen magnetischen Flussdichten B messbare Hallspannungen erzeugen, eignen sich Hallgeneratoren auf Basis der Beziehung (→ 28|2) als Magnetfeldsonden zur Ausmessung von magnetischen Feldern.

4 Beim **MHD-Generator** (**m**agneto**h**ydro**d**ynamisch) strömt heißes, teilweise ionisiertes Gas mit hoher Geschwindigkeit quer durch ein Magnetfeld. Die positiven und negativen Ladungsträger werden entgegengesetzt aus dem Gas heraus abgelenkt und Elektroden zugeführt (siehe Abbildung). Wie beim Halleffekt entsteht dazwischen eine Spannung.

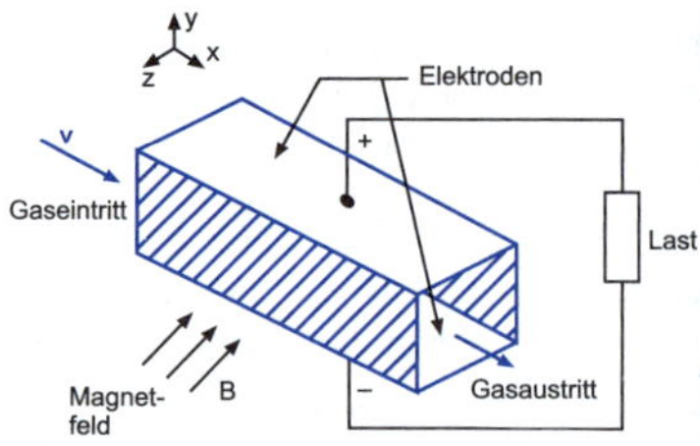

29 Teilchenbeschleuniger

Teilchenbeschleuniger sind Maschinen, die in der Kern- und Elementarteilchenforschung zur Beschleunigung geladener Teilchen auf hohe Energien dienen.

Ein **Linearbeschleuniger** besteht aus einer Reihe von Driftröhren, die koaxial hintereinander im Vakuum angeordnet, 1

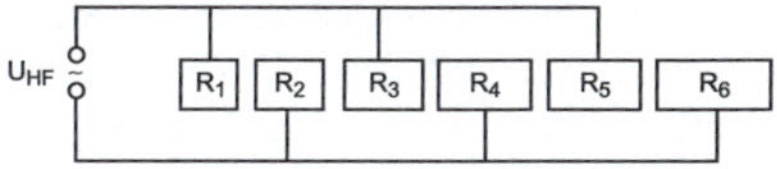

R_1, R_2 ... Driftröhren

durch schmale Spalte getrennt und abwechselnd mit den Polen einer Hochfrequenz-Wechselspannungsquelle (Scheitelspannung: U_0; Frequenz f) verbunden sind (siehe Abbildung). Das Innere der Röhren ist feldfrei.
Die Teilchenbeschleunigung erfolgt zwischen zwei benachbarten Röhren, weil die Röhren jeweils genau die Länge besitzen, die das zu beschleunigende Teilchen während der halben Schwingungsdauer der Wechselspannung durchfliegen kann. So gelangen die Teilchen immer bei richtiger Polung und maximalem Spannungsbetrag in die Beschleunigungsspalte.

Nach Durchlaufen eines jeden Beschleunigungsspalts hat die kinetische Energie eines Teilchens der Ladung q und der Masse m um $q \cdot U_0$ (→ 3|12) zugenommen. Gelangt das Teilchen mit der kinetischen Energie E_0 in den ersten Beschleunigungsspalt, so besitzt es hinter dem k-ten Beschleunigungsspalt die kinetische Energie 2

$$E_{kin} = E_0 + k \cdot q \cdot U_0.$$

Solange keine relativistischen Ansätze erforderlich sind, ergibt sich hieraus mit (→ 25|3) für die Teilchengeschwindigkeit im (k + 1)-Driftrohr

$$v_{k+1} = \sqrt{\frac{2 \cdot (E_0 + k \cdot q \cdot U_0)}{m}}$$

und für die Länge ℓ_{k+1} des (k + 1)-ten Driftrohrs:

$$\ell_{k+1} = v_{k+1} \cdot \frac{T}{2} = v_{k+1} \cdot \frac{1}{2 \cdot f} = \sqrt{\frac{E_0 + k \cdot q \cdot U_0}{2 \cdot m}} \cdot \frac{1}{f}$$

3 Ein **Zyklotron** besteht aus zwei halbkreisförmigen, durch einen Spalt getrennten und gegeneinander isolierten Metalldosen D_1, D_2, den so genannten Duanden. Diese sind an den einander zugewandten Seiten offen und werden von einem starken homogenen Magnetfeld senkrecht durchsetzt. Eine hochfrequente Wechselspannung erzeugt im Zwischenraum ein hochfrequentes elektrisches Wechselfeld. Geladene, in P frei gesetzte Teilchen beschreiben unter dem Einfluss des Magnetfelds in jedem Duanden einen Halbkreis und werden beim Durchqueren des Zwischenraums vom elektrischen Feld beschleunigt. Mit zunehmender Teilchengeschwindigkeit werden die Bahnradien größer. Hat ein Teilchen die gewünschte Geschwindigkeit erreicht, kann es durch eine Ablenkvorrichtung aus dem Zyklotron herausgeführt werden.

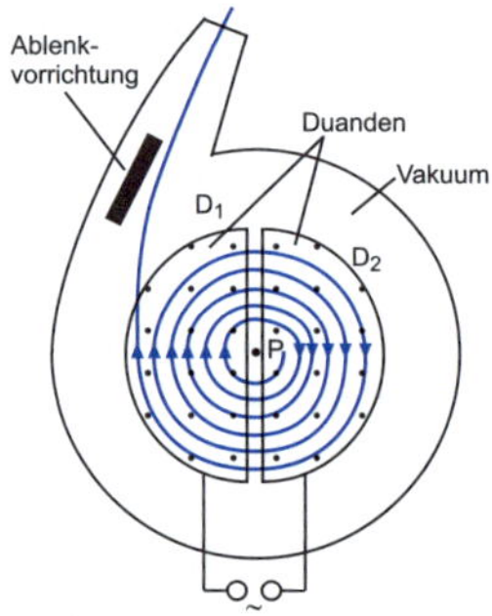

4 Nur weil die Aufenthaltsdauer $t = \frac{m \cdot \pi}{q \cdot B}$ (→ 26|4) eines Teilchens in einem Duanden nicht von seiner Geschwindigkeit abhängt, kann das klassische Zyklotron mit einer Wechselspannung konstanter Frequenz betrieben werden.

5 Solange keine relativistischen Ansätze erforderlich sind, hängt die kinetische Energie eines Teilchens nach (→ 26|3) nur vom Radius r seiner Kreisbahn ab, nicht von der Anzahl n der Umläufe oder vom Scheitelwert U_0 der Beschleunigungsspannung:

$$E_{kin} = \frac{m \cdot v^2}{2} = \frac{q^2 \cdot r^2 \cdot B^2}{2 \cdot m}$$

6 Da die kinetische Energie eines Teilchens bei einem Umlauf nach (→ 3|12) um $2 \cdot q \cdot U_0$ zunimmt, beträgt die Zahl der Umläufe für ein aus der Ruhe heraus beschleunigtes Teilchen bis zum Erreichen der kinetischen Energie E_{kin}:

$$n = \frac{E_{kin}}{2 \cdot q \cdot U_0} \overset{(\rightarrow 29|5)}{=} \frac{q \cdot r^2 \cdot B^2}{4 \cdot U_0 \cdot m}$$

Elektromagnetische Induktion

1831 entdeckten Michael Faraday und Joseph Henry unabhängig voneinander, dass die zeitliche Veränderung eines Magnetfelds ein elektrisches Feld erzeugt. Dieses Phänomen lässt sich durch Einführung einer neuen Größe, des magnetischen Flusses, mathematisch elegant beschreiben.

30 Der magnetische Fluss

Wird die Fläche A einer ebenen Leiterschleife senkrecht von den Feld- 1
linien eines homogenen Magnetfelds der Flussdichte $\vec{B}$ durchsetzt, so versteht man unter dem **magnetischen Fluss Φ** durch die Leiterschleife das Produkt:

$$\mathbf{\Phi = B \cdot A}$$

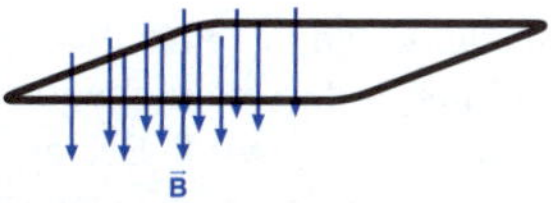

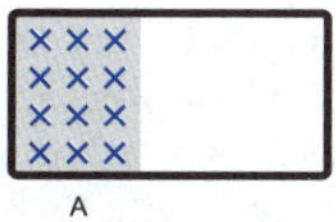

Schließen die Feldlinien mit der Leiterebene den Winkel $\alpha \neq 90°$ ein, zerlegt man den Vektor $\vec{B}$ in Komponenten $\vec{B}_P$ bzw. $\vec{B}_S$ parallel bzw. senkrecht zu A. Der magnetische Fluss durch die Leiterschleife ist dann $B_s \cdot A$ bzw.:

$$\mathbf{\Phi = B \cdot A \cdot \cos\alpha}$$

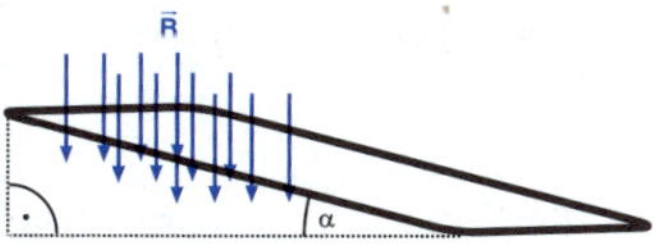

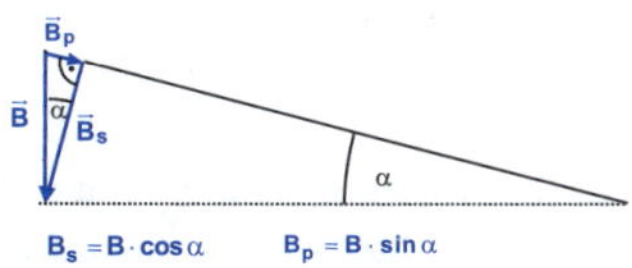

Für beliebige, nicht homogene Magnetfelder kann der magnetische Fluss auf Schulniveau nicht definiert werden.

2 Für die **Einheit** des magnetischen Flusses gilt:

$$[\Phi] = [B \cdot A] = \frac{V \cdot s}{m^2} \cdot m^2 = V \cdot s$$

Die zusammengesetzte Benennung $V \cdot s$ heißt auch **Weber (Einheitenzeichen Wb)**. Ausgedrückt durch die SI-Basiseinheiten besitzt der magnetische Fluss die Einheit $\frac{kg \cdot m^2}{A \cdot s^2}$.

3 Bei Bildern magnetischer Feldlinien treten im Allgemeinen nur so viele Feldlinien durch eine zur Feldrichtung senkrechte Einheitsfläche, wie der Vektor $\vec{B}$ an dieser Stelle Einheiten besitzt.
Der **magnetische Fluss Φ** durch eine Leiterschleife lässt sich daher anschaulich deuten als die **Zahl der Feldlinien**, die ihre Fläche durchsetzen.

31 Das Induktionsgesetz

1 Unter **elektromagnetischer Induktion** versteht man das Phänomen, dass bei jeder Änderung des magnetischen Flusses durch eine Leiterschleife in dieser eine elektrische Spannung erzeugt wird. Bei geschlossener Leiterschleife fließt in ihr ein Induktionsstrom genannter elektrischer Strom.

2 Ein mit den Enden einer Spule verbundener Spannungsmessverstärker zeigt z. B. Spannung an, wenn
a) ein Stabmagnet der raumfesten Spule genähert oder von ihr entfernt wird oder vor ihr rotiert.
b) die Spule dem raumfesten Stabmagneten genähert oder von ihm entfernt wird oder vor ihm rotiert.

3 Für den Energieerhaltungssatz gibt es bei Vorgängen der elektromagnetischen Induktion eine spezielle Fassung, die 1833 von Heinrich Lenz formulierte **Lenz'sche Regel**. Hiernach ist ein Induktionsstrom stets so gerichtet, dass er die Ursache seiner Entstehung zu hemmen versucht.

4 Nähert man z. B. einen Stabmagnet einer Zylinderspule, so nimmt die Zahl seiner die Spule von rechts nach links durchsetzenden Feldlinien zu (Bild A).

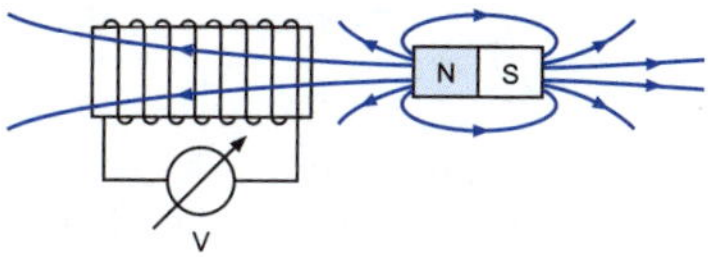

A

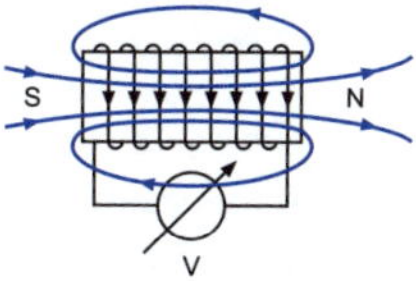

B

Nach der Lenz'schen Regel wirkt das vom Induktionsstrom in der Spule erzeugte Magnetfeld dieser Feldlinienzunahme dadurch entgegen, dass seine Feldlinien in der Spule von links nach rechts verlaufen (Bild B), weshalb dem näher kommenden Stabmagnetpol nach (→ 20|3) ein gleichnamiger Spulenmagnetpol gegenüber steht. Zum Heranführen des Stabmagneten ist also mechanische Arbeit aufzuwenden, die im System in Form der vom Induktionsstrom verrichteten elektrischen Arbeit wieder auftaucht.

5 Die Erfahrung zeigt, dass eine Änderung des magnetischen Flusses durch eine Spule mit N Windungen zwischen den Spulenenden die Induktionsspannung

$$\mathbf{U_{ind}(t) = -N \cdot \dot{\Phi}(t)}$$

hervorruft. $\dot{\Phi}(t)$ bezeichnet dabei die Ableitung $\frac{d\Phi}{dt}$ der Flussfunktion nach der Zeit. Diese Beziehung wird als **differenzielle Form des Induktionsgesetzes** bezeichnet.

6 Ist der magnetische Fluss durch die Spule als Funktion der Zeit bekannt, so lässt sich mittels der differenziellen Form des Induktionsgesetzes der exakte Funktionsterm für die Induktionsspannung ermitteln.

Befindet sich z. B. im Inneren einer lang gestreckten Feldspule der Länge ℓ_F mit N_F Windungen, die von einem Strom bekannten zeitlichen Verlaufs I(t) durchflossen wird, koaxial eine Induktionsspule mit N_i Windungen und der Querschnittsfläche A_i, so gilt für den magnetischen Fluss durch die Induktionsspule:

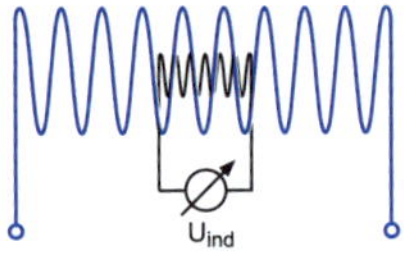

$$\Phi = B \cdot A_i \overset{(\rightarrow 20|4)}{=} \mu_0 \cdot \frac{I \cdot N_F}{\ell_F} \cdot A_i$$

Die differenziellen Form des Induktionsgesetzes liefert damit für die Induktionsspannung:

$$U_i = -N_i \cdot \dot{\Phi} = -N_i \cdot \mu_0 \cdot \frac{N_F \cdot A_i}{\ell_F} \cdot \dot{I}$$

7 Aus seiner differenziellen Form erhält man mithilfe des Hauptsatzes der Differential- und Integralrechnung die **integrale Form des Induktionsgesetzes**:

$$\int_{t_1}^{t_2} U_{ind}(t)\,dt = -N \cdot (\Phi(t_2) - \Phi(t_1))$$

$\int_{t_1}^{t_2} U_{ind}(t)\,dt$ heißt Spannungsstoß.

8 Die integrale Form des Induktionsgesetzes verwendet man vorteilhaft, wenn bei Induktionsvorgängen nur Anfangs- und Endwert des magnetischen Flusses bekannt sind. Wird z. B. in der Versuchsanordnung (→ 31|6) zum Zeitpunkt t_1 ein stationärer Feldspulenstrom der Stärke I_0 ausgeschaltet, so gilt zu einem hinreichend späten Zeitpunkt t_2:

$$\begin{aligned}\int_{t_1}^{t_2} U_{ind}(t)\,dt &= -N_i \cdot (\Phi(t_2) - \Phi(t_1)) \\ &= -N_i \cdot \left(\mu_0 \cdot \frac{0 \cdot N_F}{\ell_F} \cdot A_i - \mu_0 \cdot \frac{I_0 \cdot N_F}{\ell_F} \cdot A_i\right) \\ &= \mu_0 \frac{I_0 \cdot N_F \cdot N_i}{\ell_F} \cdot A_i\end{aligned}$$

Durch eine Messung des Spannungsstoßes (→ 31|9) lässt sich jede der 6 Größen auf der rechten Seite dieser Gleichung ermitteln, wenn die anderen 5 bekannt sind.

Spannungsstöße misst man mit einem hochempfindlichen Drehspulgerät (→ 17|5), das mit einem Vorwiderstand R_V an die Induktionsspule angeschlossen ist (siehe Abbildung). Ist die Zeitdauer der Flussänderung in der Spule klein gegenüber der Schwingungsdauer des Geräts, so ist sein Zeigerausschlag proportional zum Spannungsstoß. 9

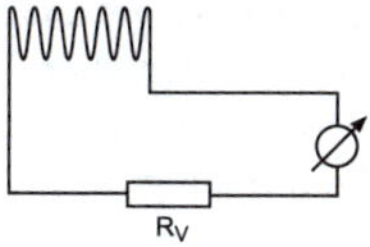

Ob ein Drehspulgerät **Spannungs- oder Stromstöße** misst, lässt sich durch einen nicht zu großen, zum Gerätewiderstand in Reihe geschalteten ohmschen Widerstand feststellen. Der Geräteausschlag ändert sich dadurch bei sonst unveränderten Bedingungen bei einem Stromstoß nicht, wird aber bei einem Spannungsstoß kleiner. 10

Wird ein gerader Leiter der Länge ℓ mit der konstanten Geschwindigkeit $\vec{v}$ senkrecht zu den Feldlinien durch ein homogenes Magnetfeld der Flussdichte $\vec{B}$ gezogen, wird zwischen den Leiterenden eine Spannung U vom Betrag 11

$$\mathbf{U = B \cdot \ell \cdot v}$$

induziert.

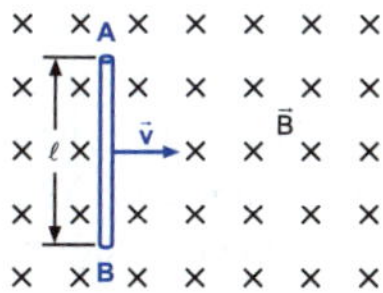

Begründung: Auf die frei beweglichen Elektronen im Leiter wirkt aufgrund ihrer Geschwindigkeit $\vec{v}$ eine Lorentzkraft in Richtung $\overrightarrow{AB}$. Bei B entsteht so ein Überschuss, bei A ein Mangel an Elektronen. Dieses Konzentrationsgefälle von Ladungsträgern erzeugt im Leiterinneren ein elektrisches Feld, dessen Feldkraft auf die Elektronen parallel, aber entgegengesetzt zur Lorentzkraft wirkt. Gilt $F_{el} = F_{Lorentz}$, findet keine weitere Elektronenverschiebung statt und die Spannung zwischen A und B bleibt konstant. Die angegebene Beziehung ergibt sich aus:

$$\left.\begin{aligned} e \cdot E &= e \cdot B \cdot v \\ E &= \frac{U}{\ell} \end{aligned}\right\} \Rightarrow e \cdot \frac{U}{\ell} = e \cdot B \cdot v \Rightarrow U = B \cdot \ell \cdot v$$

12 Die **elektromagnetische Induktion** ist **nicht** an das Vorhandensein eines **materiellen Leiters gebunden**. Allgemein gilt: Ändert sich die Anzahl der magnetischen Feldlinien durch eine Fläche, so wird in der Umrandung dieser Fläche eine Spannung U_{ind} induziert.

13 Durchsetzt ein magnetisches Wechselfeld ein massives Metallteil, so wird durch die Flussänderung im Metall ein Wechselstrom mit geschlossener Strombahn, ein so genannter **Wirbelstrom**, induziert. Seine Stärke hängt einerseits von der magnetischen Flussdichte und der Frequenz des Wechselfelds und andererseits von den Abmessungen des Metallstücks an. Das von ihm erzeugte Magnetfeld wirkt nach der Lenz'schen Regel (→31|3) dem äußeren Magnetfeld entgegen.
Bewusst führt man Wirbelströme z. B. bei Wirbelstrombremsen, zur Erwärmung von Metallen in Induktionsherden und im Bereich der zerstörungsfreien Materialprüfung herbei.
Unerwünscht sind Wirbelströme z. B. bei Generatoren, Transformatoren und Elektromotoren, weil sie dort Verluste bei gleichzeitiger Erwärmung verursachen. Aus diesem Grund bestehen die Magnetkerne in diesen Maschinen nicht aus massiven Eisenstücken, sondern aus einzelnen dünnen, von einander elektrisch isolierten Blechen, die so angeordnet sind, dass bei möglichst geringer Behinderung der magnetischen Feldlinien die Wirbelstrombahnen möglichst kurz ausfallen.

32 Selbstinduktion

1 Unter **Selbstinduktion** versteht man das Auftreten einer Induktionsspannung in einem Leiterkreis, die durch eine Änderung des eigenen Leiterkreisstroms verursacht wird.

2 Die Erfahrung zeigt, dass die durch Selbstinduktion in einem Leiterkreis hervorgerufene Spannung U_{is} proportional zur zeitlichen Stromstärkeänderung $\dot{I}$ ist:

$$\mathbf{U_{is} = -L \cdot \dot{I}}$$

Die Proportionalitätskonstante L heißt **Selbstinduktionskoeffizient** oder kürzer **Induktivität**. Durch das Minuszeichen wird berücksichtigt, dass die Selbstinduktionsspannung nach der Lenz'schen Regel (→ 31|3) ihrer Ursache, der Stromstärkeänderung, entgegenwirkt.

Für die **Einheit der Induktivität** gilt: 3

$$[L] = \left[\frac{U_{is}}{\dot{I}}\right] = \frac{V}{\frac{A}{s}} = \frac{V \cdot s}{A}$$

Umrechnung in die SI-Basiseinheiten:

$$\frac{V \cdot s}{A} = \frac{\frac{kg \cdot m^2}{A \cdot s^3} \cdot s}{A} = \frac{kg \cdot m^2}{A^2 \cdot s^2}$$

Die zusammengesetzte Einheit $\frac{V \cdot s}{A}$ heißt auch **Henry (Einheitenzeichen H)**.

Für die **Induktivität einer lang gestreckten materiefreien Zylinderspule** der Windungszahl N, der Länge ℓ und der Querschnittsfläche A gilt: 4

$$\mathbf{L = \mu_0 \cdot A \cdot \frac{N^2}{\ell}}$$

Begründung: Ein Strom der Stärke I erzeugt durch die Spule nach (→ 30|1) und (→ 20|4) den magnetischen Fluss

$$\Phi = B \cdot A = \mu_0 \cdot \frac{I \cdot N}{\ell} \cdot A.$$

Eine Änderung $\dot{I}$ des Spulenstroms ist daher mit der Flussänderung $\dot{\Phi} = \mu_0 \cdot \frac{N}{\ell} \cdot A \cdot \dot{I}$ verbunden, die nach dem Induktionsgesetz (→ 31|5) im eigenen Leiterkreis die Induktionsspannung

$$U_{is} = -N \cdot \dot{\Phi} = -N \cdot \mu_0 \cdot \frac{N}{\ell} \cdot A \cdot \dot{I} = -\mu_0 \cdot \frac{N^2}{\ell} \cdot A \cdot \dot{I}$$

hervorruft. Die Induktivität der Zylinderspule ergibt sich hieraus durch Vergleich mit (→ 32|2).

5 Für die Induktivität einer mit Materie der relativen Permeabilität μ_r gefüllten lang gestreckten Zylinderspule gilt nach (→ 32|4) und (→ 23|1):

$$L = \mu_r \cdot \mu_0 \cdot A \cdot \frac{N^2}{\ell}$$

6 Werden in einem Gleichstromkreis n Bauelemente mit den Induktivitäten $L_1, \ldots, L_n$ verwendet, so gilt für die Gesamtinduktivität bei

Reihenschaltung:

$$L_{ges} = L_1 + \ldots + L_n$$

Parallelschaltung:

$$\frac{1}{L_{ges}} = \frac{1}{L_1} + \ldots + \frac{1}{L_n}$$

33 Ein- und Ausschaltvorgänge an Spulen und Kondensatoren

Wird der Strom durch eine ideale Spule der Induktivität L bzw. einen Kondensator der Kapazität C und einen seriellen ohmschen Widerstand R ein oder ausgeschaltet, so verändern sich die Stromstärke durch die Spule bzw. die Ladungsmenge am Kondensator exponentiell mit der Zeit.

Spulen

1 Für die Batteriespannung U_0, die Selbstinduktionsspannung $U_{is} = -L \cdot \dot{I}$ an der Spule und die Spannung am ohmschen Widerstand gilt nach der Kirchhoff'schen Maschenregel (→ 16|2) beim

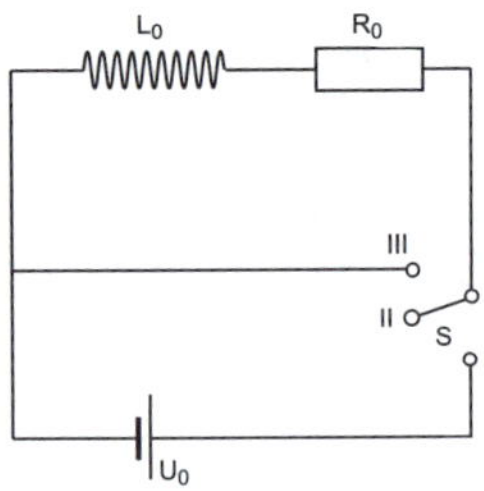

Einschalten (S von II nach I):

$$U_0 + U_{is} = U_R$$
$$U_0 - L \cdot \dot{I} = R \cdot I$$

Ausschalten (S von I nach III):

$$0 + U_{is} = U_R$$
$$0 - L \cdot \dot{I} = R \cdot I$$

Hieraus ergibt sich die Differenzialgleichung: 2

$$\dot{I} + \frac{R}{L} \cdot I = \frac{U_0}{L}$$

$$\dot{I} + \frac{R}{L} \cdot I = 0$$

Erfolgt der Schalterwechsel zum Zeitpunkt $t = 0$, lauten die Lösungen 3
dieser Differenzialgleichungen:

$$I(t) = \frac{U_0}{R} \cdot \left(1 - e^{-\frac{R}{L} \cdot t}\right)$$

$$I(t) = \frac{U_0}{R} \cdot e^{-\frac{R}{L} \cdot t}$$

Der Stromanstieg 4

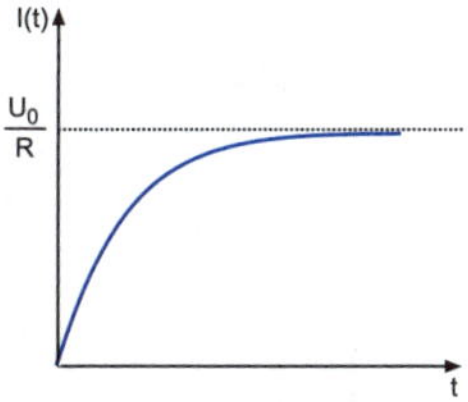

Der Stromabfall

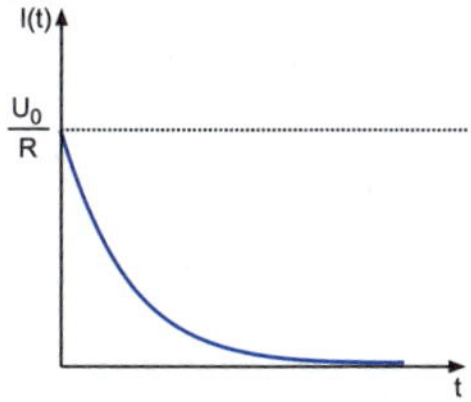

erfolgt umso langsamer, je größer L und je kleiner R ist. Ursache für die allmähliche Änderung ist die Selbstinduktionsspannung der Spule, die nach der Lenz'schen Regel (→ 31|3) ihrer Ursache, der Stromstärkeänderung, entgegenwirkt.

Kondensatoren

Für die Batteriespannung U_0, 5
die Spannung $U_C = \frac{Q}{C}$ zwischen den Kondensatorbelegen und die Spannung $U_R = R \cdot I$ am ohmschen Widerstand gilt nach der Kirchhoff'schen Maschenregel (→ 16|2) beim

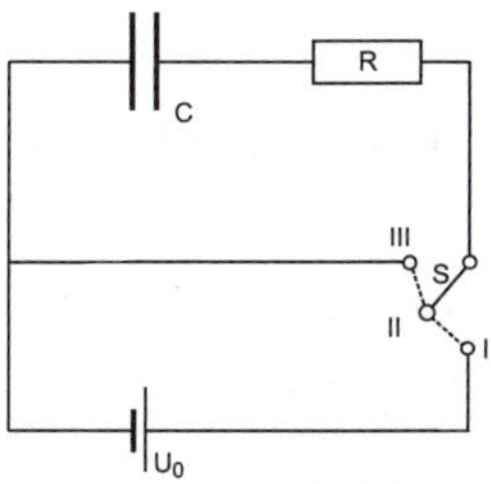

Einschalten (S von II nach I):

$$U_0 = U_R + U_C$$

$$U_0 = R \cdot I + \frac{Q}{C}$$

Ausschalten (S von I nach III):

$$0 = U_R + U_C$$

$$0 = R \cdot I + \frac{Q}{C}$$

6 Hieraus ergibt sich unter Beachtung von $I = \dot{Q}$ die Differenzialgleichung:

$$\dot{Q} + \frac{1}{R \cdot C} \cdot Q = \frac{U_0}{R} \qquad \Bigg| \qquad \dot{Q} + \frac{1}{R \cdot C} \cdot Q = 0$$

7 Erfolgt der Schalterwechsel zum Zeitpunkt $t = 0$, lauten die Lösungen dieser Differenzialgleichungen:

$$Q(t) = U_0 \cdot C \cdot \left(1 - e^{-\frac{1}{R \cdot C} \cdot t}\right) \qquad \Bigg| \qquad Q(t) = U_0 \cdot C \cdot e^{-\frac{1}{R \cdot C} \cdot t}$$

8 Der Ladungsanstieg

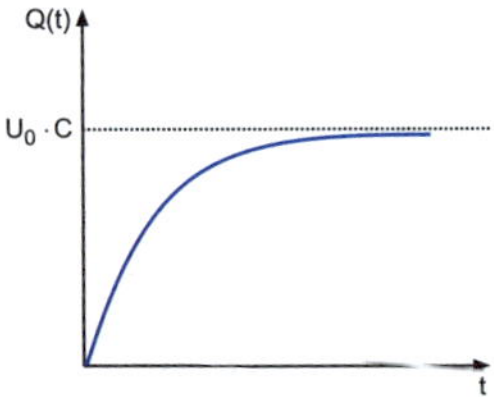

Der Ladungsabfall

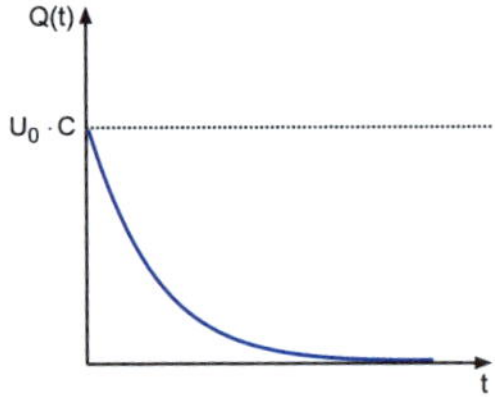

erfolgt umso langsamer, je größer das Produkt $R \cdot C$ ist. Ursache für die allmähliche Änderung sind die Ladungen auf den Kondensatorbelegen, die einem Zu- bzw. Abfluss von Ladungen entgegenwirken, weil sich gleichnamige Ladungen ab- und ungleichnamige anziehen.

34 Das Magnetfeld als Energiespeicher

1 Im Magnetfeld eines Leiters der Induktivität L, der von einem Strom der Stärke I_0 durchflossen wird, ist die **magnetische Energie**

$$E_{mag} = \frac{1}{2} \cdot L \cdot I_0^2$$

gespeichert.

Begründung: Damit der Strom im Kreis auf die Stärke I_0 anwachsen kann, muss die Stromquelle gegen die induzierte Spannung U_{ind} Arbeit verrichten.

Es gilt:

$$E_{mag} \overset{(\to 16|7)}{=} -\int_0^{\infty} U_{ind}(t) \cdot I(t)\,dt \overset{(\to 32|2)}{=} -\int_0^{\infty} -L \cdot \dot{I} \cdot I(t)\,dt$$

$$= \int_0^{I_0} L \cdot I\,dI = \frac{1}{2} \cdot L \cdot I_0^2$$

In einem von einem homogenen Magnetfeld der Stärke $\vec{H}$ bzw. der Flussdichte $\vec{B}$ durchsetzten materiefreien Volumen V ist die **magnetische Energie** 2

$$\mathbf{E_{mag} = \frac{1}{2} \cdot \mu_0 \cdot H^2 \cdot V} \quad \text{bzw.} \quad \mathbf{E_{mag} = \frac{1}{2} \cdot H \cdot B \cdot V} \quad \text{bzw.}$$

$$\mathbf{E_{mag} = \frac{1}{2} \cdot \frac{1}{\mu_0} \cdot B^2 \cdot V}$$

gespeichert. Befindet sich im Feld Materie der relativen Permeabilität μ_r, so gilt:

$$\mathbf{E_{mag} = \frac{1}{2} \cdot \mu_r \cdot \mu_0 \cdot H^2 \cdot V} \quad \text{bzw.} \quad \mathbf{E_{mag} = \frac{1}{2} \cdot H \cdot B \cdot V} \quad \text{bzw.}$$

$$\mathbf{E_{mag} = \frac{1}{2} \cdot \frac{1}{\mu_r \cdot \mu_0} \cdot B^2 \cdot V}$$

Begründung: Für das homogene Magnetfeld einer lang gestreckten Spule gilt:

$$E_{mag} = \frac{1}{2} \cdot L \cdot I_0^2 \overset{(\to 32|5)}{=} \frac{1}{2} \cdot \mu_r \cdot \mu_0 \cdot A \cdot \frac{N^2}{\ell} \cdot I_0^2$$

$$= \frac{1}{2} \cdot \mu_r \cdot \mu_0 \cdot A \cdot \ell \cdot \frac{N^2}{\ell^2} \cdot I_0^2$$

$$= \frac{1}{2} \cdot \mu_r \cdot \mu_0 \cdot V \cdot \frac{N^2}{\ell^2} \cdot I_0^2$$

$$\overset{(\to 21|1;\, 20|4)}{=} \frac{1}{2} \cdot \mu_r \cdot \mu_0 \cdot H^2 \cdot V$$

Die alternativen Beziehungen ergeben sich hieraus mithilfe der Grundgleichung $B = \mu_r \cdot \mu_0 \cdot H$ (→ 21|4).

3 Der Sachverhalt, dass das **magnetische Feld** – auch **losgelöst von Materie** – **Träger von Energie** ist, kommt in den Beziehungen (→ 34|2) zum Ausdruck, weil die im Volumen V gespeicherte magnetische Energie nur durch die dort messbaren Feldgrößen B und H beschrieben wird und nicht durch Größen, welche die materiellen Felderzeuger charakterisieren.

4 Unter der Energiedichte ρ_{mag} eines Magnetfelds versteht man die auf die Volumeneinheit entfallende Energie $\frac{E_{mag}}{V}$. Nach (→ 34|2) gilt für ein homogenes Magnetfeld

a) im Vakuum:

$$\boldsymbol{\rho_{mag} = \frac{1}{2} \cdot \frac{1}{\mu_0} \cdot B^2}$$

b) in Materie der relativen Permeabilität μ_r:

$$\boldsymbol{\rho_{mag} = \frac{1}{2} \cdot \frac{1}{\mu_r \cdot \mu_0} \cdot B^2}$$

Die Erfahrung zeigt, dass diese Beziehungen auch **für beliebige magnetische Felder** gelten.

Wechselströme

35 Messung von technischen Wechselspannungen und Wechselströmen

1

Wechselspannungen sind Spannungen, die ihre Richtung und ihren Betrag periodisch so ändern, dass ihr arithmetischer Mittelwert über eine Schwingungsperiode null ist.

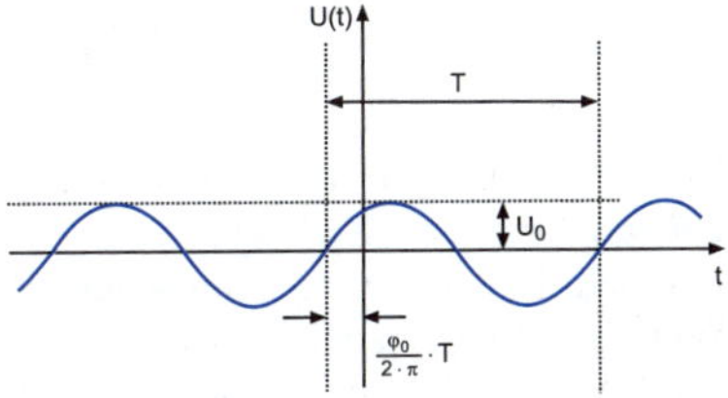

Besonders häufig begegnet man **sinusförmigen Wechselspannungen** der Form

$$U(t) = U_0 \cdot \sin\left(\frac{2\cdot\pi}{T}\cdot t + \varphi_0\right)$$

Dabei bezeichnen

a) U(t) die Momentanspannung,

b) U_0 die Amplitude oder Scheitelspannung,

c) T die Periodendauer,

d) φ_0 die im Bogenmaß gemessene Phasenkonstante.

Unter Verwendung der Kreisfrequenz $\omega = \frac{2\cdot\pi}{T}$ bzw. der Frequenz $f = \frac{1}{T}$ kann man auch schreiben:

$$U(t) = U_0 \cdot \sin(\omega \cdot t + \varphi_0) \quad \text{oder} \quad U(t) = U_0 \cdot \sin(2\cdot\pi\cdot f\cdot t + \varphi_0)$$

Je nach Frequenz f unterscheidet man zwischen 2

a) **niederfrequenten** Wechselspannungen, ($f < 1\,000$ Hz);

b) **mittelfrequenten** Wechselspannungen ($1\,000 \text{ Hz} < f < 300\,000$ Hz);

c) **hochfrequenten** Wechselspannungen ($f > 300\,000$ Hz).

Wechselspannungen des **technischen** Leitungsnetzes haben europaweit die Frequenz 50 Hz, in den USA 60 Hz, bei der deutschen Bahn $16\frac{2}{3}$ Hz.

3 Zur **Messung von technischen Wechselströmen oder -spannungen** verwendet man Weicheisen- (→ 17|4), Hitzdraht- (→ 17|3) oder Drehspulinstrumente (→ 17|5) mit Gleichrichter, die unabhängig von der Strom- oder Spannungsrichtung stets in die gleiche Richtung ausschlagen. Wegen der Trägheit ihrer Mechanik zeigen sie aber nicht den augenblicklichen Strom- oder Spannungsbetrag, sondern einen zeitlichen Mittelwert an. Man eicht ihre Skalen so, dass dieser dem sogenannten Effektivwert (→ 35|4) entspricht.

4 Ein Wechselstrom bzw. eine Wechselspannung haben dann die **Effektivstromstärke I_{eff}** bzw. die **Effektivspannung U_{eff}**, wenn sie in einem Leiter mit rein ohmschen Widerstand (→ 36|5) die gleiche Wärmeleistung erzeugen wie ein stationärer Gleichstrom (→ 11|1) der Stärke $I = I_{eff}$ bzw. eine stationäre Gleichspannung vom Betrag $U = U_{eff}$.

5 Zwischen den **Scheitel- und Effektivwerten** besteht der Zusammenhang:

$$I_{eff} = \frac{I_0}{\sqrt{2}} \quad \text{bzw.} \quad U_{eff} = \frac{U_0}{\sqrt{2}}$$

Begründung:

Ein sinusförmiger Wechselstrom bzw. eine sinusförmige Wechselspannung mit Scheitelwert I_0 bzw. U_0

Ein stationärer Gleichstrom bzw. eine Gleichspannung vom Betrag I_{eff} bzw. U_{eff}

verrichten während einer Periode T in einem ohmschen Widerstand R die elektrische Arbeit:

$$W_{el} \overset{(\to 16|7)}{=} \int_0^T U(t) \cdot I(t)\, dt$$

$$= \int_0^T U_0 \cdot \sin(\omega \cdot t) \cdot I_0 \cdot \sin(\omega \cdot t)\, dt$$

$$= U_0 \cdot I_0 \cdot \int_0^T \sin^2(\omega \cdot t)\, dt = \frac{U_0 \cdot I_0}{2} \cdot T$$

$$W_{el}' \overset{(\to 16|6)}{=} U_{eff} \cdot I_{eff} \cdot T$$

Aus $W_{el} = W_{el}'$ ergibt sich $\frac{U_0 \cdot I_0}{2} = U_{eff} \cdot I_{eff}$. Nach Einsetzen von $U_0 = R \cdot I_0$ bzw. $U_{eff} = R \cdot I_{eff}$ erhält man

$$\frac{R \cdot I_0^2}{2} = R \cdot I_{eff}^2 \quad \text{bzw.} \quad \frac{U_0^2}{2 \cdot R} = \frac{U_{eff}^2}{R}$$

und somit den angegebenen Zusammenhang.

36 Kondensator, Spule und ohmscher Widerstand im Wechselstromkreis

Legt man an einen **Kondensator** der Kapazität C eine sinusförmige Wechselspannung 1

$$U(t) = U_0 \cdot \sin(\omega \cdot t),$$

fließt in den Zuleitungen ein gleichfrequenter, sinusförmiger **Wechselstrom**

$$I(t) = I_0 \cdot \sin\left(\omega \cdot t + \frac{\pi}{2}\right) \quad \text{mit} \quad I_0 = U_0 \cdot \omega \cdot C,$$

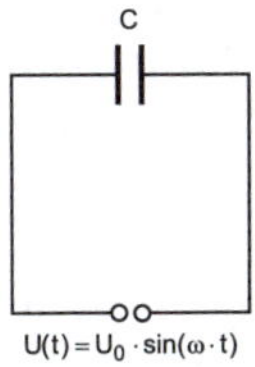

dessen **Phase** der Spannungsphase **um $\frac{\pi}{2}$ vorauseilt.**

Begründung:

$$I(t) \overset{(\rightarrow 11|6)}{=} \dot{Q}(t) \overset{(\rightarrow 6|2)}{=} (C \cdot U_0 \cdot \sin(\omega \cdot t))^{\cdot}$$
$$= U_0 \cdot \omega \cdot C \cdot \cos(\omega \cdot t) = U_0 \cdot \omega \cdot C \cdot \sin\left(\omega \cdot t + \frac{\pi}{2}\right)$$

Ein **Kondensator** wirkt in einem **Wechselstromkreis** als **Widerstand**, weil beim Beladen Ladungen auf den Kondensatorbelegen bzw. beim Entladen Ladungen auf den Polen der Spannungsquelle das Zu- bzw. Abfließen weiterer gleichnamiger Ladungen hemmen. Versuche zeigen, dass bei konstanter Kreisfrequenz ω gilt: 2

$$U_0 \sim I_0 \quad \text{bzw.} \quad U_{eff} \sim I_{eff}$$

Analog zum Gleichstromwiderstand (→ 12|4) bezeichnet man daher

$$\mathbf{X_C = \frac{U_0}{I_0} = \frac{U_{eff}}{I_{eff}} = \frac{1}{\omega \cdot C}}$$

als **Wechselstromwiderstand des Kondensators**.

3 Legt man an eine ideale Spule der Induktivität L mit vernachlässigbar kleinem ohmschen Widerstand (→ 36|5) eine sinusförmige Wechselspannung

$$U(t) = U_0 \cdot \sin(\omega \cdot t),$$

fließt in den Zuleitungen ein gleichfrequenter, sinusförmiger **Wechselstrom**

$$I(t) = I_0 \cdot \sin\left(\omega \cdot t - \frac{\pi}{2}\right) \text{ mit } I_0 = U_0 \cdot \omega \cdot L,$$

dessen **Phase** der Spannungsphase **um $\frac{\pi}{2}$ nacheilt**.

Begründung: Da nach der Lenz'schen Regel (→ 31|3) die in der Spule induzierte Spannung (→ 32|2) $U_i = -L \cdot \dot{I}$ der angelegten Spannung U(t) entgegenwirkt, gilt:

$$-L \cdot \dot{I} = -U_0 \cdot \sin(\omega \cdot t)$$

Daraus folgt:

$$I(t) = \int \dot{I}(t)\, dt = \int \frac{U_0}{L} \cdot \sin(\omega \cdot t)\, dt = -\frac{U_0}{\omega \cdot L} \cdot \cos(\omega \cdot t)$$
$$= \frac{U_0}{\omega \cdot L} \cdot \sin\left(\omega \cdot t - \frac{\pi}{2}\right)$$

4 Eine **Spule** wirkt in einem **Wechselstromkreis** als **Widerstand**, weil in ihr durch Selbstinduktion (→ 32|1) eine Spannung entsteht, die nach der Lenz'schen Regel (→ 31|3) der anliegenden, stromtreibenden Spannung entgegenwirkt.
Versuche zeigen, dass bei konstanter Kreisfrequenz ω gilt:

$$U_0 \sim I_0 \quad \text{bzw.} \quad U_{eff} \sim I_{eff}$$

Analog zum Gleichstromwiderstand (→ 12|4) bezeichnet man daher

$$\mathbf{X_L = \frac{U_{eff}}{I_{eff}} = \frac{U_0}{I_0} = \omega \cdot L}$$

als **Wechselstromwiderstand der Spule**.

5 Widerstände in einem Wechselstromkreis, in denen der Strom nur durch die Zusammenstöße der Elektronen mit den positiven Ionenrümpfen im Leiter gehemmt wird (→ 12|2), bezeichnet man als **ohmsch**.

6

Legt man an einen **ohmschen Widerstand** R (→ 36|5) eine sinusförmige Wechselspannung

$$U(t) = U_0 \cdot \sin(\omega \cdot t),$$

fließt durch ihn ein gleichfrequenter, sinusförmiger **Wechselstrom**

$$I(t) = I_0 \cdot \sin(\omega \cdot t) \text{ mit } I_0 = \frac{U_0}{R},$$

dessen **Phase** gegen die Spannungsphase **nicht verschoben** ist.

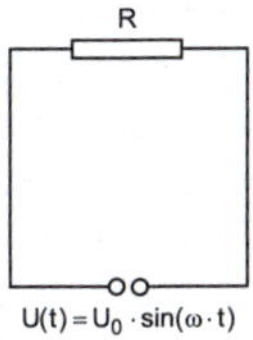

7

Ein **idealer Kondensator entnimmt** der Spannungsquelle während einer Periodendauer T in den beiden Zeitintervallen, in denen Strom und Spannung das gleiche Vorzeichen haben, **Energie** und **speichert sie im elektrischen Feld zwischen den Kondensatorbelegen**.
In den beiden anderen Zeitintervallen, in denen Strom und Spannung unterschiedliches Vorzeichen haben, werden die gespeicherten Energien wieder vollständig an die Spannungsquelle zurückgegeben, sodass ihr im Mittel keine Energie entzogen wird. Maximal kann im elektrischen Feld des Kondensators die elektrische Energie $\frac{1}{2} \cdot C \cdot U_0$ gespeichert werden (→ 7|1).

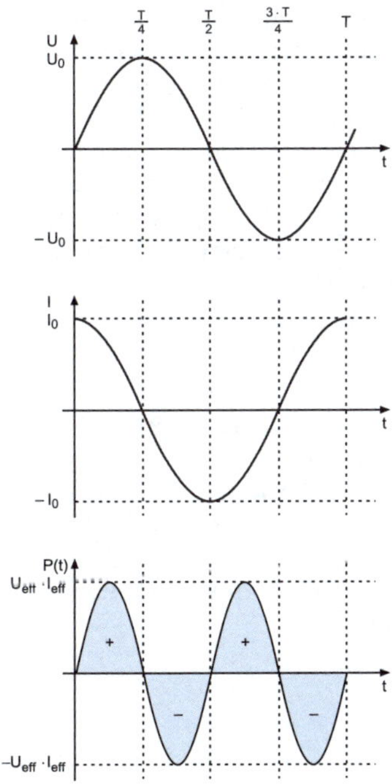

8 Eine **ideale Spule** (→ 36 | 3) **entnimmt** der Spannungsquelle während einer Periodendauer T in den beiden Zeitintervallen, in denen Strom und Spannung das gleiche Vorzeichen haben, **Energie** und **speichert sie im Magnetfeld der Spule**.
In den beiden anderen Zeitintervallen, in denen Strom und Spannung unterschiedliches Vorzeichen haben, werden die gespeicherten Energien wieder vollständig an die Spannungsquelle zurückgegeben, sodass ihr im Mittel keine Energie entzogen wird.
Maximal kann im Magnetfeld der Spule die magnetische Energie $\frac{1}{2} \cdot L \cdot I_0^2$ gespeichert werden (→ 34 | 1).

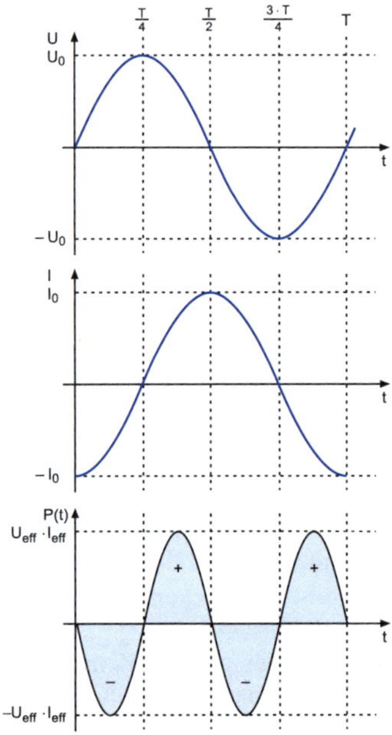

9 Ein **ohmscher Widerstand entzieht** der Spannungsquelle dauernd **Energie**, da Strom und Spannung immer das gleiche Vorzeichen besitzen, und **wandelt sie in Wärmeenergie um**.

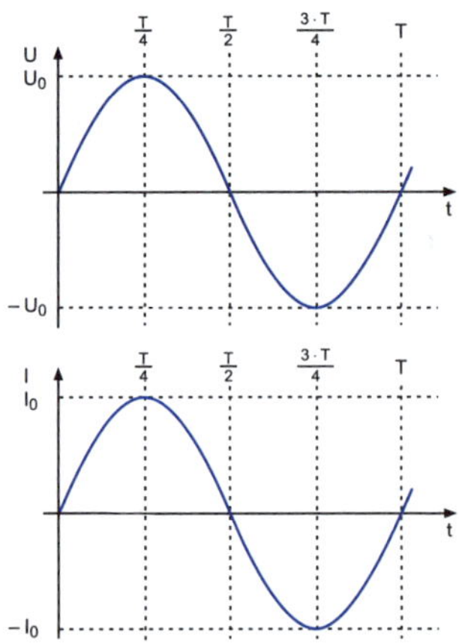

Während einer Periode wird der Spannungsquelle die Energie $\frac{U_0 \cdot I_0}{2} \cdot T$ entzogen (→ 35|5, 36|6).

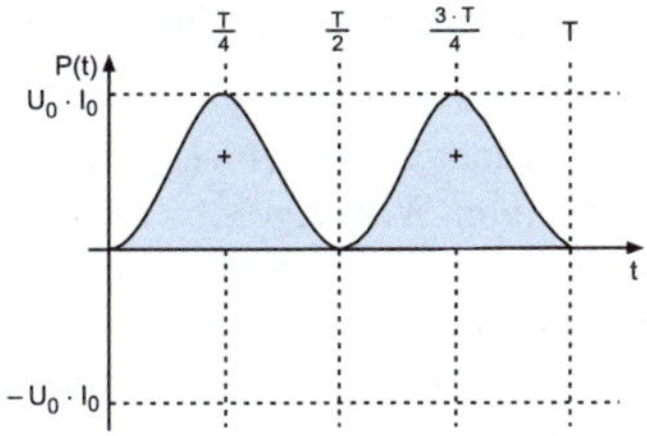

10 Zum **experimentellen Nachweis der Phasenverschiebung** zwischen Spannung und Strom schließt man die Kapazität bzw. die Induktivität an die Kontakte A und B an, verbindet einen Kanal eines **Zweistrahloszillographen** mit der Wechselspannungsquelle, führt seinem zweiten Kanal den zur Stromstärke proportionalen Spannungsabfall (→ 36|6) an einem hinreichend kleinen ohmschen Widerstand R zu und betrachtet beide Oszillogramme gleichzeitig.

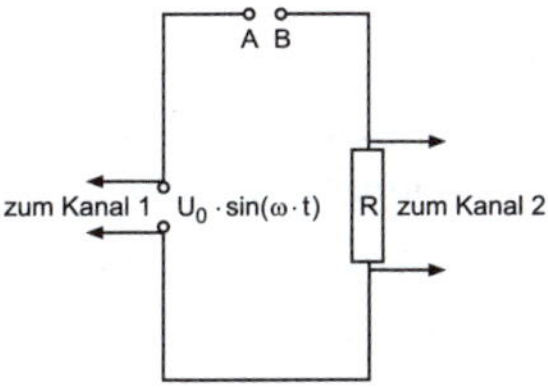

37 Strom- und Spannungszeiger

1 In einem geschlossenen Stromkreis, in dem sich nur ohmsche Widerstände (→ 36|5), Kapazitäten und Spulen befinden, erzeugt eine sinusförmige Wechselspannung $U(t) = U_0 \cdot \sin(\omega \cdot t)$ einen gleichfrequenten, in der Phase verschobenen Wechselstrom

$$I(t) = I_0 \cdot \sin(\omega \cdot t + \varphi_0).$$

2 Bei der Analyse von Wechselstromkreisen ist der
a) Zusammenhang zwischen den Scheitelwerten von Strom und Spannung, I_0 und U_0,
b) und der Winkel φ_0 zu bestimmen, um den die Strom- gegen die Spannungsphase verschoben ist.

Die hierfür erforderliche Addition von Wechselströmen oder -spannungen bewerkstelligt man in der Schule mithilfe von **Strom- und Spannungszeigern**.

3 Unter dem einer sinusförmigen Funktion

$$a(t) = a_0 \cdot \sin(\omega \cdot t + \varphi_a)$$

zugeordneten **Zeiger** versteht man einen Pfeil der Länge a_0, der mit konstanter Winkelgeschwindigkeit ω so um den Ursprung O des Koordinatensystems rotiert, dass sein Fußpunkt immer in O liegt und dass er zum Zeitpunkt $t = 0$ s mit der x-Achse den Winkel φ_a einschließt. Seine Projektion zum Zeitpunkt t auf die y-Achse ergibt den Momentanwert a(t).

4 Zeitaufwändige rechnerische Umformungen zeigen, dass die Summe zweier gleichfrequenter sinusförmiger Funktionen a(t) und b(t) eine sinusförmige Funktion gleicher Frequenz ist:

$$\left.\begin{aligned} a(t) &= a_0 \cdot \sin(\omega \cdot t + \varphi_a) \\ b(t) &= b_0 \cdot \sin(\omega \cdot t + \varphi_b) \end{aligned}\right\} \Rightarrow c(t) = a(t) + b(t) = c_0 \cdot \sin(\omega \cdot t + \varphi_c),$$

mit

$$c_0 = \sqrt{a_0^2 + b_0^2 + 2 \cdot a_0 \cdot b_0 \cdot \cos(\varphi_b - \varphi_a)} \quad \text{und}$$

$$\tan \varphi_c = \frac{a_0 \cdot \sin \varphi_a + b_0 \cdot \sin \varphi_b}{a_0 \cdot \cos \varphi_a + b_0 \cdot \cos \varphi_b}$$

5 Mithilfe der Beziehungen (→ 37|4) lässt sich zeigen, dass der Zeiger der Funktion c(t) durch Vektoraddition der den Funktionen a(t) und b(t) zugeordneten Zeigern entsteht.

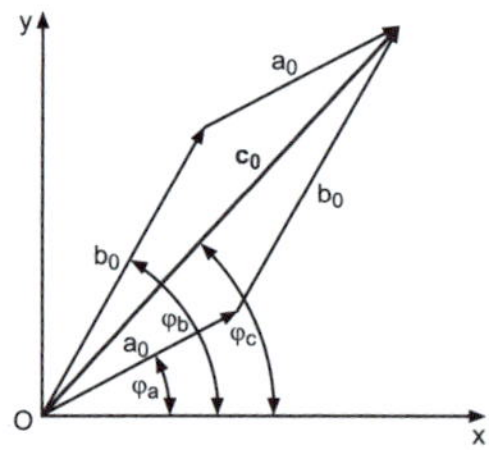

38 Einfache Wechselstromkreise

1

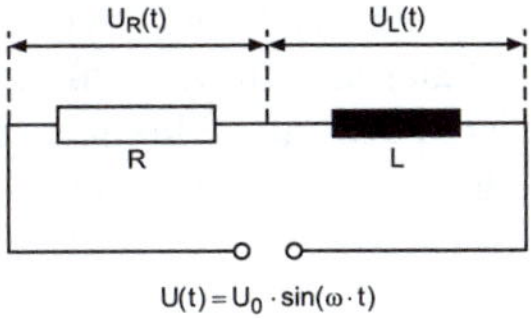

Wird an eine **Reihenschaltung** aus einer **Induktivität L** und einem **ohmschen Widerstand R** eine Wechselspannung

$$U(t) = U_0 \cdot \sin(\omega \cdot t)$$

angelegt, fließt ein Wechselstrom

$$I(t) = I_0 \cdot \sin(\omega \cdot t - \varphi)$$

mit

$$\mathbf{I_0 = \frac{U_0}{\sqrt{R^2 + (\omega \cdot L)^2}}} \quad \text{und} \quad \mathbf{\tan\varphi = \frac{\omega \cdot L}{R}}.$$

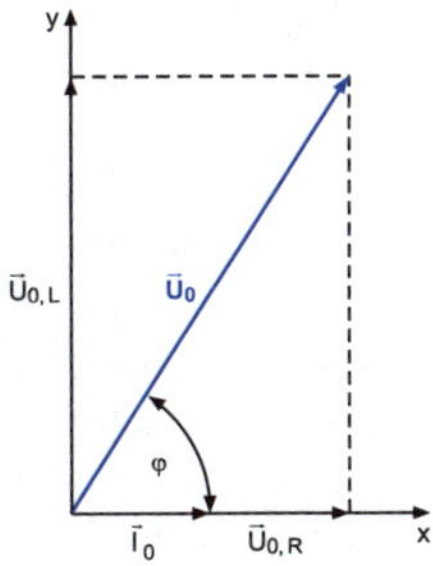

Begründung: Wegen $U(t) = U_R(t) + U_L(t)$ werden im Zeigerdiagramm (→ 37|5) der mit dem Strom gleichphasige Teilspannungszeiger $\vec{U}_{0,R}$ mit $U_{0,R} = R \cdot I_0$ (→ 36|6) und der dem Strom um 90° vorauseilende Teilspannungszeiger $\vec{U}_{0,L}$ mit $U_{0,L} = \omega \cdot L \cdot I_0$ (→ 36|3) addiert. Der Satz von Pythagoras ergibt für den Betrag des Gesamtzeigers:

$$U_0 = \sqrt{U_{0,R}^2 + U_{0,L}^2}$$
$$= \sqrt{R^2 \cdot I_0^2 + (\omega \cdot L)^2 \cdot I_0^2}$$
$$= I_0 \cdot \sqrt{R^2 + (\omega \cdot L)^2}$$

Ferner gilt:

$$\tan\varphi = \frac{U_{0,L}}{U_{0,R}} = \frac{\omega \cdot L \cdot I_0}{R \cdot I_0} = \frac{\omega \cdot L}{R}$$

2 Das Kreisfrequenz-Scheitelstromstärke-Diagramm zeigt, dass in einer Reihenschaltung aus Induktivität und ohmschen Widerstand bei unverändertem R, L und U_0 die Scheitelstromstärke I_0 und damit auch der Scheitelwert $U_{0,R}$ der an R abfallenden Spannung mit zunehmender Kreisfrequenz ω abnimmt.

Man bezeichnet die Schaltung daher auch als **RL-Tiefpass**, weil sie angelegte Wechselspannungen mit tiefen Frequenzen auf den Ausgang U_R passieren lässt, hohe Frequenzen jedoch dämpft.

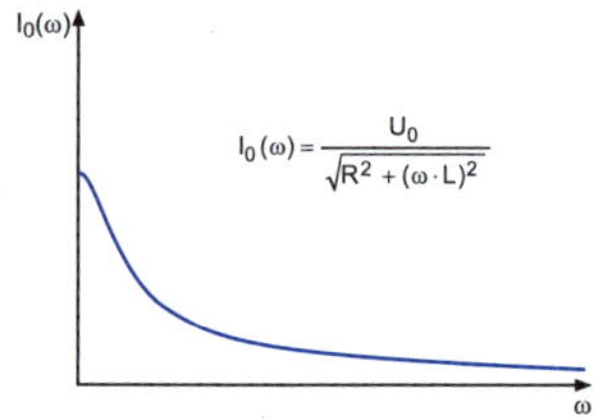

3 Wird an eine **Reihenschaltung** aus einer **Kapazität C** und einem **ohmschen Widerstand R** eine Wechselspannung

$$U(t) = U_0 \cdot \sin(\omega \cdot t)$$

angelegt, fließt ein Wechselstrom

$$I(t) = I_0 \cdot \sin(\omega \cdot t + \varphi), \text{ mit}$$

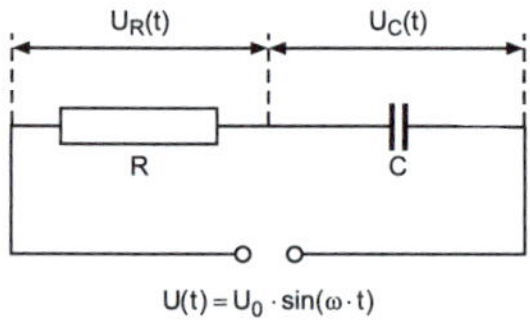

$$\mathbf{I_0 = \frac{U_0}{\sqrt{R^2 + \frac{1}{(\omega \cdot C)^2}}}} \quad \text{und} \quad \mathbf{\tan\varphi = \frac{1}{R \cdot \omega \cdot C}}.$$

Begründung: Wegen $U(t) = U_R(t) + U_C(t)$ werden im Zeigerdiagramm (→ 37|5) der mit dem Strom gleichphasige Teilspannungszeiger $\vec{U}_{0,R}$ mit $U_{0,R} = R \cdot I_0$ (→ 36|6) und der dem Strom um 90° nacheilende Teilspannungszeiger $\vec{U}_{0,C}$ mit $U_{0,C} = \frac{I_0}{\omega \cdot C}$ (→ 36|1) addiert.
Der Satz von Pythagoras ergibt für den Betrag des Gesamtzeigers:

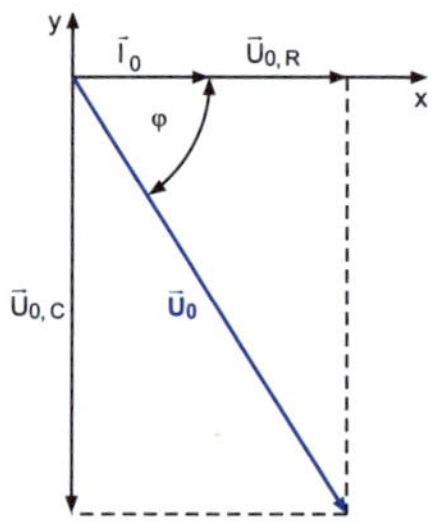

$$U_0 = \sqrt{U_{0,R}^2 + U_{0,C}^2} = \sqrt{R^2 \cdot I_0^2 + \frac{I_0^2}{(\omega \cdot C)^2}} = I_0 \cdot \sqrt{R^2 + \frac{1}{(\omega \cdot C)^2}}$$

Ferner gilt:

$$\tan\varphi = \frac{U_{0,C}}{U_{0,R}} = \frac{\frac{I_0}{\omega \cdot C}}{R \cdot I_0} = \frac{1}{R \cdot \omega \cdot C}$$

4 Das Kreisfrequenz-Scheitelstromstärke-Diagramm zeigt, dass in einer Reihenschaltung aus Kapazität und ohmschen Widerstand bei unverändertem R, C und U_0 die Scheitelstromstärke I_0 und damit auch der Scheitelwert $U_{0,R}$ der an R abfallenden Spannung mit zunehmender Kreisfrequenz ω zunimmt.

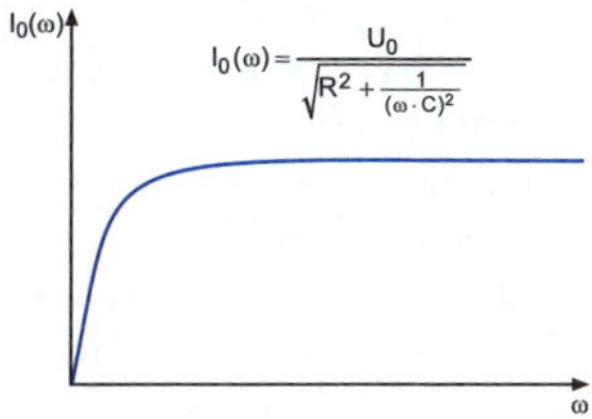

Man bezeichnet die Schaltung daher auch als **RC-Hochpass**, weil sie angelegte Wechselspannungen mit hohen Frequenzen auf den Ausgang U_R passieren lässt, tiefe Frequenzen jedoch dämpft.

5 Wird an eine **Reihenschaltung** aus einer **Induktivität L**, einer **Kapazität C** und einem **ohmschen Widerstand R** eine Wechselspannung

$$U(t) = U_0 \cdot \sin(\omega \cdot t)$$

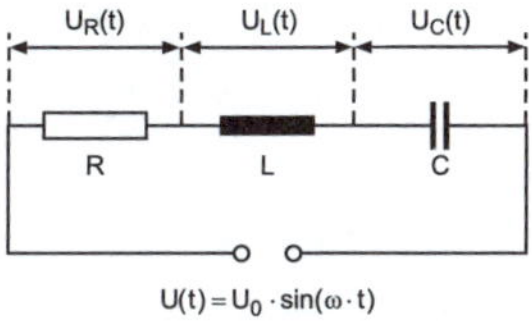

angelegt, fließt ein Wechselstrom

$$I(t) = I_0 \cdot \sin(\omega \cdot t \pm \varphi)$$

mit

$$\mathbf{I_0 = \frac{U_0}{\sqrt{R^2 + \left(\omega \cdot L - \frac{1}{\omega \cdot C}\right)^2}}}.$$

a) Wenn $\omega \cdot L - \frac{1}{\omega \cdot C}$ **> 0, eilt** der Strom der Spannung um den Winkel φ **nach**, wobei

$$\mathbf{\tan\varphi = \frac{1}{R} \cdot \left(\omega \cdot L - \frac{1}{\omega \cdot C}\right)}.$$

b) Wenn $\omega \cdot L - \frac{1}{\omega \cdot C}$ **< 0, eilt** der Strom der Spannung um den Winkel φ **voraus**, wobei

$$\mathbf{\tan\varphi = \frac{1}{R} \cdot \left(\frac{1}{\omega \cdot C} - \omega \cdot L\right)}.$$

Begründung: Wegen $U(t) = U_R(t) + U_L(t) + U_C(t)$ werden im Zeigerdiagramm (→ 37|5) der mit dem Strom gleichphasige Teilspannungszeiger $\vec{U}_{0,R}$ mit $U_{0,R} = R \cdot I_0$ (→ 36|6), der dem Strom um 90° vorauseilende Teilspannungszeiger $\vec{U}_{0,L}$ mit $U_{0,L} = \omega \cdot L \cdot I_0$ (→ 36|3) und der dem Strom nacheilende Teilspannungszeiger $\vec{U}_{0,C}$ mit $U_{0,C} = \frac{I_0}{\omega \cdot C}$ (→ 36|1) addiert. Der Satz von Pythagoras ergibt für den Betrag des Gesamtzeigers:

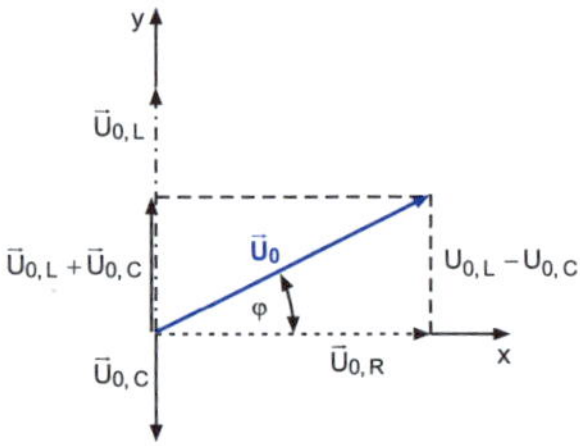

$$U_0 = \sqrt{U_{0,R}^2 + (U_{0,L} - U_{0,C})^2} = \sqrt{R^2 \cdot I_0^2 + \left(\omega \cdot L - \frac{1}{\omega \cdot C}\right)^2 \cdot I_0^2}$$

$$= I_0 \cdot \sqrt{R^2 + \left(\omega \cdot L - \frac{1}{\omega \cdot C}\right)^2}$$

Ferner gilt:

$$\tan \varphi = \frac{U_{0,L} - U_{0,C}}{U_{0,R}} = \frac{\left(\omega \cdot L - \frac{1}{\omega \cdot C}\right) \cdot I_0}{R \cdot I_0} = \frac{\omega \cdot L - \frac{1}{\omega \cdot C}}{R}$$

6 Das Kreisfrequenz-Scheitelstromstärke-Diagramm zeigt, dass in einer Reihenschaltung aus Kapazität, Induktivität und ohmschen Widerstand bei unverändertem R, C, L und U_0 die Scheitelstromstärke I_0 und damit auch der Scheitelwert $U_{0,R}$ der an R abfallenden Spannung für die Frequenz $\omega_0 = \frac{1}{\sqrt{L \cdot C}}$ ein absolutes Maximum annehmen.

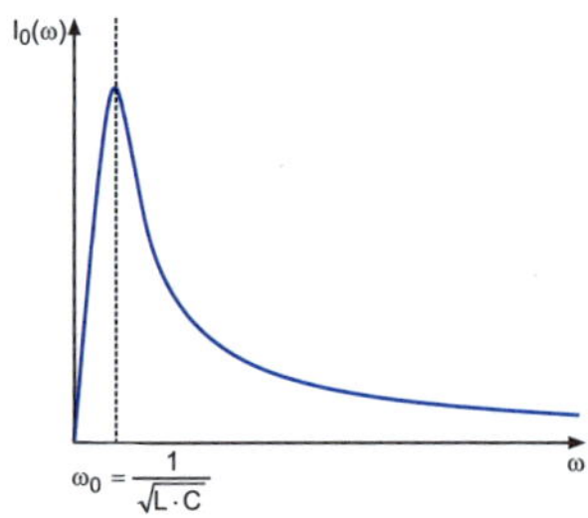

Man bezeichnet die Schaltung als **Siebkette**, weil sie von allen angelegten Wechselspannungen nur die mit der Kreisfrequenz ω_0 auf den Ausgang U_R optimal passieren lässt. Davon abweichende Frequenzen werden umso stärker gedämpft, je größer die Abweichung ist.

Wird an eine **Parallelschaltung** aus einer **Induktivität L**, einer **Kapazität C** und einem **ohmschen Widerstand R** eine Wechselspannung

$$U(t) = U_0 \cdot \sin(\omega \cdot t)$$

angelegt, fließt in der Zuleitung ein Wechselstrom

$$I(t) = I_0 \cdot \sin(\omega \cdot t \pm \varphi) \text{ mit}$$

$$\mathbf{I_0 = U_0 \cdot \sqrt{\left(\frac{1}{R}\right)^2 + \left(\omega \cdot C - \frac{1}{\omega \cdot L}\right)^2}.}$$

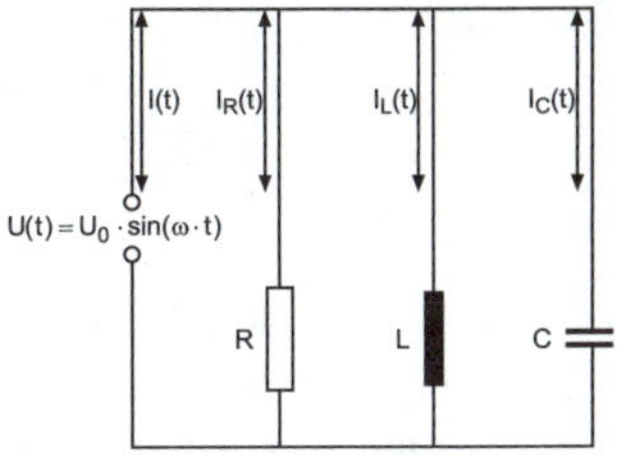

a) Wenn $\omega \cdot C - \frac{1}{\omega \cdot L} > 0$, **eilt** dieser Strom der Spannung um den Winkel φ **voraus**, wobei

$$\mathbf{\tan\varphi = R \cdot \left(\omega \cdot C - \frac{1}{\omega \cdot L}\right).}$$

b) Wenn $\omega \cdot C - \frac{1}{\omega \cdot L} < 0$, **eilt** der Strom der Spannung um den Winkel φ **nach**, wobei

$$\mathbf{\tan\varphi = R \cdot \left(\frac{1}{\omega \cdot L} - \omega \cdot C\right).}$$

Begründung: Wegen $I(t) = I_R(t) + I_L(t) + I_C(t)$ werden im Zeigerdiagramm (→ 37|5) der mit der Spannung gleichphasige Teilstromzeiger $\vec{I}_{0,R}$ mit $I_0 = \frac{U_0}{R}$ (→ 36|6), der um 90° der Spannung nacheilende Teilstromzeiger $\vec{I}_{0,L}$ mit $I_0 = \frac{U_0}{\omega \cdot L}$ (→ 36|3) und der um 90° der Spannung vorauseilende Teilstromzeiger $\vec{I}_{0,C}$ mit $I_0 = U_0 \cdot \omega \cdot C$ (→ 36|1) addiert.

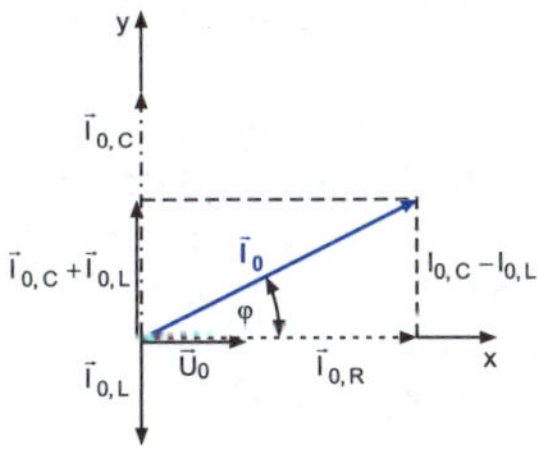

Der Satz von Pythagoras ergibt für den Betrag des Gesamtzeigers:

$$I_0 = \sqrt{I_{0,R}^2 + (I_{0,C} - I_{0,L})^2} = \sqrt{\frac{U_0^2}{R^2} + \left(\omega \cdot C - \frac{1}{\omega \cdot L}\right)^2 \cdot U_0^2}$$

$$= U_0 \cdot \sqrt{\frac{1}{R^2} + \left(\omega \cdot C - \frac{1}{\omega \cdot L}\right)^2}$$

Ferner gilt:

$$\tan\varphi = \frac{I_{0,C} - I_{0,L}}{I_{0,R}} = \frac{U_0 \cdot \omega \cdot C - \frac{U_0}{\omega \cdot L}}{\frac{U_0}{R}} = \frac{\omega \cdot C - \frac{1}{\omega \cdot L}}{\frac{1}{R}}$$

8 Das Kreisfrequenz-Scheitelstromstärke-Diagramm zeigt, dass in einer Parallelschaltung aus Kapazität, Induktivität und ohmschen Widerstand bei unverändertem R, C, L und U_0 die Scheitelstromstärke I_0 und damit auch der Scheitelwert $U_{0,R}$ der an R abfallenden Spannung für die Kreisfrequenz $\omega_0 = \frac{1}{\sqrt{L \cdot C}}$ ein absolutes Minimum annehmen.

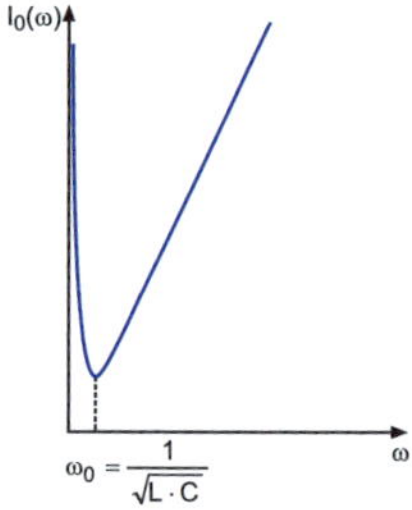

Man bezeichnet die Schaltung als **Sperrkreis**, weil sie von allen angelegten Wechselspannungen nur die mit der Frequenz ω_0 auf den Ausgang U_R **optimal unterdrückt**. Davon abweichende Frequenzen können umso besser passieren, je größer die Abweichung ist.

39 Wirk-, Blind- und Scheingrößen

1 Die **Momentanleistung** eines Wechselstroms ist durch das Produkt der Momentanwerte von Strom und Spannung gegeben.
In den Zeitabschnitten, in denen Strom und Spannung gleiches Vorzeichen haben, wird der Spannungsquelle Energie entzogen, in den anderen wird ihr Energie zugeführt.

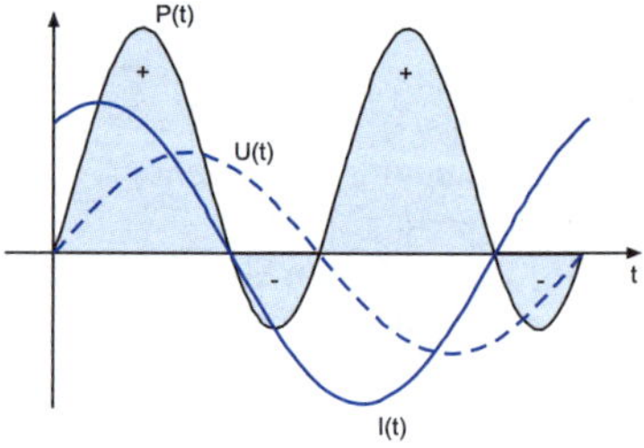

Die Momentanleistung 2

$$P(t) = U(t) \cdot I(t) = U_0 \cdot \sin(\omega \cdot t) \cdot I_0 \cdot \sin(\omega \cdot t + \varphi)$$

lässt sich nach zeitaufwändigen rechnerischen Umformungen schreiben als:

$$P(t) = U_{eff} \cdot I_{eff} \cdot \cos\varphi \cdot [1 - \cos(2 \cdot \omega \cdot t)] + \mathbf{U_{eff} \cdot I_{eff} \cdot \sin\varphi \cdot [\sin(2 \cdot \omega \cdot t)]}$$

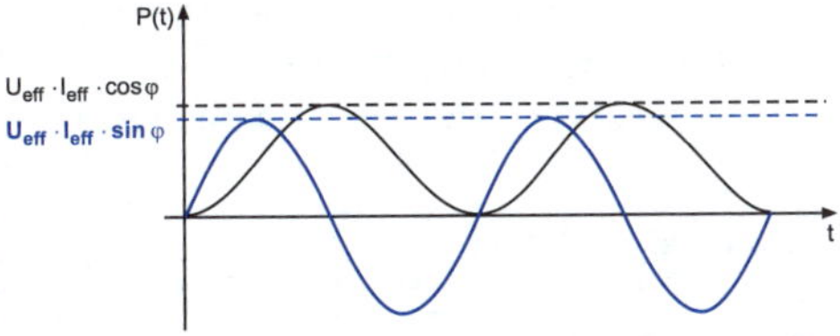

a) Ihr erster Summand $U_{eff} \cdot I_{eff} \cdot \cos\varphi \cdot [1 - \cos(2 \cdot \omega \cdot t)]$ ist nie negativ. Dieser Anteil der Momentanleistung wird der Spannungsquelle unwiederbringlich entzogen.
b) Ihr zweiter Summand $U_{eff} \cdot I_{eff} \cdot \sin\varphi \cdot [\sin(2 \cdot \omega \cdot t)]$ ist während einer Periode T „genau so oft positiv wie negativ". Dieser Anteil dient zum Aufbau elektrischer und magnetischer Felder und wird bei deren Abbau wieder an die Spannungsquelle zurückerstattet.

Man nennt daher 3

a) $P_W := U_{eff} \cdot I_{eff} \cdot \cos\varphi$	Wirkleistung,
b) $\cos\varphi$	Wirk- oder Leistungsfaktor
c) $P_B := U_{eff} \cdot I_{eff} \cdot \sin\varphi$	Blindleistung
d) $P_S := U_{eff} \cdot I_{eff}$	Scheinleistung
c) $I_W := I_{eff} \cdot \cos\varphi$	Wirkstromstärke
f) $I_B := I_{eff} \cdot \sin\varphi$	Blindstromstärke

Eine einfache Integration zeigt, dass die **Wirkleistung** mit dem **zeitlichen Mittelwert der Wechselstromleistung übereinstimmt**: 4

$$\frac{1}{T} \cdot \int_0^T U(t) \cdot I(t)\, dt = U_{eff} \cdot I_{eff} \cdot \cos\varphi$$

5 Die Erfahrung zeigt, dass in jedem Wechselstromkreis bei konstantem ω gilt:

$$U_{eff} \sim I_{eff}$$

Der Quotient

$$\mathbf{X = \frac{U_{eff}}{I_{eff}}}$$

heißt **Scheinwiderstand** oder **Impedanz**. Er erfasst die Einflüsse der stets vorhandenen ohmschen Widerstände und der rein induktiven und kapazitiven Widerstände des Kreises auf die Effektivstromstärke.

6 Das Produkt aus Scheinwiderstand X und
a) $\cos\varphi$ heißt **Wirkwiderstand**: $X_W = X \cdot \cos\varphi$
b) $\sin\varphi$ heißt **Blindwiderstand**: $X_B = X \cdot \sin\varphi$

7 Für die Wirk- und Blindleistung (→ 39|3) gilt:

a) $\mathbf{P_W = X_W \cdot I_{eff}^2}$

b) $\mathbf{P_B = X_B \cdot I_{eff}^2}$

Begründung:

$$P_W \overset{(\to 39|3)}{=} U_{eff} \cdot I_{eff} \cdot \cos\varphi \overset{(\to 39|5)}{=} X \cdot I_{eff} \cdot I_{eff} \cdot \cos\varphi$$

$$\overset{(\to 39|6)}{=} X \cdot \cos\varphi \cdot I_{eff} \cdot I_{eff} \overset{(\to 39|6)}{=} X_W \cdot I_{eff}^2$$

$$P_B \overset{(\to 39|3)}{=} U_{eff} \cdot I_{eff} \cdot \sin\varphi \overset{(\to 39|5)}{=} X \cdot I_{eff} \cdot I_{eff} \cdot \sin\varphi$$

$$\overset{(\to 39|6)}{=} X \cdot \sin\varphi \cdot I_{eff} \cdot I_{eff} \overset{(\to 39|6)}{=} X_B \cdot I_{eff}^2$$

Elemente der Elektrotechnik

40 Generator

Als **Generatoren** bezeichnet man in der Elektrotechnik umlaufende Maschinen, die durch elektromagnetische Induktion (→ 31 | 1) elektrische Spannung erzeugen und dabei mechanische in elektrische Energie umwandeln. 1

Nebenstehende Skizze zeigt den prinzipiellen Aufbau eines **Außenpol-Wechselstromgenerators**. 2
Durch die Rotation einer Spule der Querschnittsfläche A mit N Windungen mit konstanter Winkelgeschwindigkeit ω in einem homogenen Magnetfeld der Flussdichte B wird zwischen den Spulenenden die sinusförmige Wechselspannung

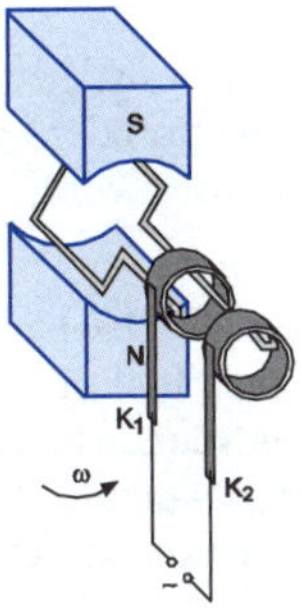

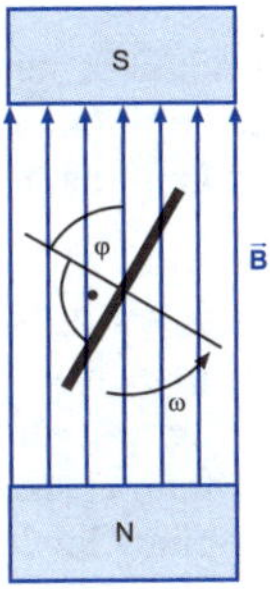

$$U(t) = N \cdot B \cdot A \cdot \omega \cdot \sin(\omega \cdot t + \varphi_0)$$

induziert. φ_0 bezeichnet dabei den Winkel, den ein Lot auf die Spulenebene mit den Feldlinien zu Beginn der Zeitrechnung einschließt. Die Wechselspannung lässt sich mittels Kohle- oder Kupferbürsten K_1, K_2 abgreifen, die auf isolierten, mit den Spulenenden verbundenen Ringen S_1, S_2 schleifen.

Begründung: Für die Zeitabhängigkeit des Winkels φ zwischen dem Lot auf die Spulenfläche und den Magnetfeldlinien gilt:

$$\varphi = \omega \cdot t + \varphi_0$$

Der magnetische Fluss durch die Leiterschleife ergibt sich hieraus nach zu (→ 30 | 1)

$$\Phi = B \cdot A \cdot \cos\varphi = B \cdot A \cdot \cos(\omega \cdot t + \varphi_0)$$

Nach dem Induktionsgesetz (→31|5) induziert die Flussänderung zwischen den Spulenenden die Spannung

$$U_{ind}(t) = -N \cdot \dot{\Phi}(t) = N \cdot B \cdot A \cdot \omega \cdot \sin(\omega \cdot t + \varphi_0)$$

3 Der induzierte Spannungsbetrag ist maximal, wenn der magnetische Fluss durch die Spule null ist, und null, wenn der Betrag des magnetischen Flusses maximal ist.

Begründung: Die Aussage folgt direkt aus $\Phi(t) = \Phi_0 \cdot \cos(\omega \cdot t + \varphi_0)$ und $U_{ind}(t) = U_0 \cdot \sin(\omega \cdot t + \varphi_0)$.

4 Techniker nennen den feststehenden Teil eines Generators **Stator**, den rotierenden Teil **Rotor** oder **Läufer** und den Teil, in dessen Wicklungen Spannung induziert wird, **Anker**.

5 In **leistungsstarken Wechselstromgeneratoren** ersetzt man den Permanent- durch einen Elektromagneten, weil damit
a) höhere Magnetfeldstärken erzeugt werden können,
b) kein erschütterungsbedingter Magnetismusverlust auftritt,
c) eine Gewichtsreduktion erreicht wird.

Solche Generatoren heißen
- **fremderregt**, wenn der für den Betrieb des Elektromagneten benötigte Gleichstrom von einer separaten Gleichstromquelle erzeugt wird;
- **eigenerregt**, wenn der benötigte Gleichstrom vom Generator und einem nachgeschalteten Gleichrichter erzeugt wird.

6 Die heute fast ausschließlich verwendeten **Wechselstromgeneratoren** sind als **Innenpolmaschinen** ausgeführt. An einem **feststehenden** Gehäuse sind 2n **Induktionsspulen** mit Eisenkern angebracht (siehe Abbildung).
Sie sind in Reihe geschaltet und abwechselnd mit umgekehrtem Windungssinn gewickelt. Die an den Ausgangsklemmen K_1, K_2 liegende Wechselspannung wird so gleich der Summe der Induktionsspannungen der Einzelspulen.

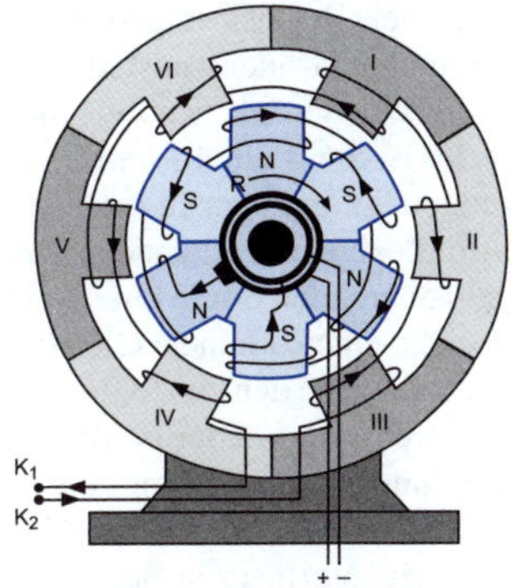

Der **rotierende felderzeugende Elektromagnet** besitzt abwechselnd je n magnetische Nord- und Südpole.
Der Feldstrom wird von außen über Schleifkontakte zugeführt. Bei einer vollständigen Umdrehung des Rotors erfährt jede Induktionsspule n Polwechsel. Zur Erzeugung des technischen 50 Hz-Wechselstroms sind daher in 1 Sekunde $\frac{50}{n}$ Umdrehungen erforderlich. Innenpolmaschinen haben den Vorteil, dass die erzeugte Spannung nicht über Schleifringe abgenommen wird, die bei großen Spannungen rasch durch Funkenbildung verschmoren.

7

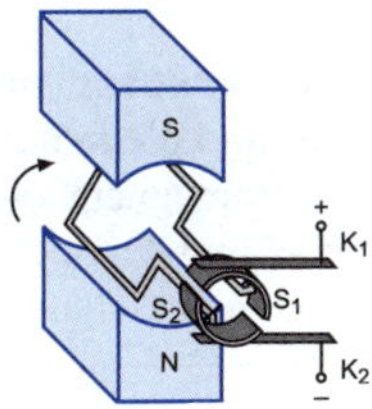

Die Abbildung zeigt den prinzipiellen Aufbau eines **Außenpol-Gleichstromgenerators**. Durch einen **Kommutator**, einen in zwei von einander isolierten Segmenten S_1, S_2 unterteilten Schleifring, wird die induzierte Wechselspannung immer dann umgepolt, wenn sie ihre Richtung wechselt. Dazu sind die Spulenenden so mit den Segmenten S_1, S_2 verbunden, dass die Schleifbürsten immer dann von einem zum anderen Segment wechseln, wenn der Betrag des magnetischen Flusses durch die Spulenfläche maximal ist. An K_1 und K_2 greift man anstelle einer sinusförmigen Wechselspannung (Bild A) eine pulsierende Gleichspannung (Bild B) ab.

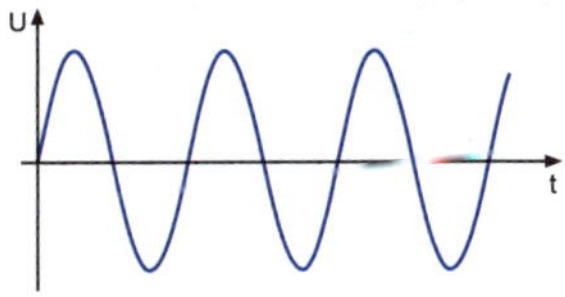

A

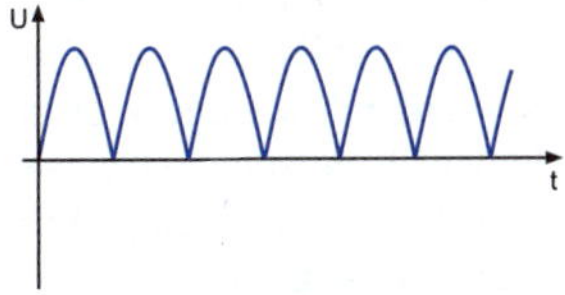

B

8 Auch bei Gleichstromgeneratoren verwendet man aus den in (→ 40|5) genannten Gründen anstelle von Permanent- Elektromagnete.
Zu ihrem Betrieb benötigt man nach dem Siemens'schen **dynamoelektrischen Prinzip** keine separate Gleichstromquelle. Die Erfahrung zeigt, dass der in den Eisenkernen der Elektromagnete auch bei Stromlosigkeit vorhandene Restmagnetismus (→ 23|8) ausreicht, in der rotierenden Spule eine kleine Spannung zu induzieren. Diese verursacht einen kleinen Gleichstrom durch den Feldmagneten, wenn man ihn mit den am Kommutator schleifenden Bürsten verbindet, wodurch sich wiederum die Flussdichte des Magnetfelds und damit die Induktionsspannung in der rotierenden Spule erhöht. Diesem „Aufschaukeln“ der Generatorspannung werden nach oben durch ohmsche Verluste in den Wicklungen und durch das Erreichen der Sättigungsmagnetisierung (→ 23|10) Grenzen gesetzt.
Eine Maschine, die nach diesem Prinzip der Selbsterregung gebaut ist, bezeichnet man als **Dynamo** und unterscheidet zwischen Haupt- und Nebenschlussdynamos.

9 **Hauptschlussdynamo**

Hier sind die felderzeugenden Elektromagnete, die rotierende Spule und der äußere Stromkreis **in Reihe** geschaltet.

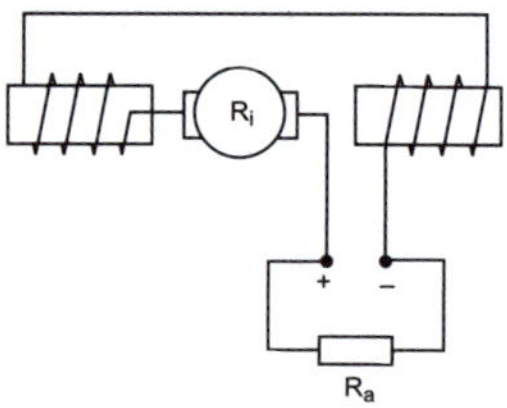

Da die Feldspulen vom gesamten Rotorspulenstrom durchflossen werden, müssen sie einen kleinen Widerstand aufweisen und bestehen aus wenig Windungen dicken Drahts.

Nebenschlussdynamo

Hier sind die felderzeugenden Elektromagnete, die rotierende Spule und der äußere Stromkreis **parallel** geschaltet.

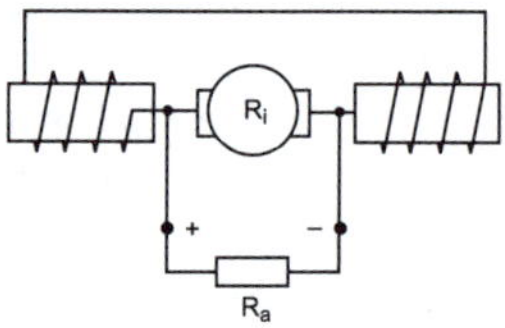

Da an den Feldspulen die volle Rotorspannung anliegt, können sie einen großen Widerstand aufweisen und bestehen aus vielen Windungen dünnen Drahts.

Der Dynamo erzeugt keine Spannung, wenn kein Verbraucher angeschlossen ist, da kein geschlossener Stromkreis vorliegt.

Der Dynamo erzeugt auch ohne angeschlossenen Verbraucher Spannung.

Jede Änderung des Außenwiderstands R_a, also jede Belastungsänderung, ändert den Strom, damit den magnetischen Fluss und damit die induzierte Spannung U. Bei kleinem Strom, also bei großem R_a, ist die induzierte Spannung klein und wächst mit zunehmender Belastung bei Verkleinerung des Außenwiderstands, bis der Feldmagnet gesättigt ist.

Der magnetische Fluss und damit die induzierte Spannung hängen nur wenig vom Außenwiderstand R_a ab.

Die Klemmenspannung, also die dem Verbraucher zur Verfügung stehende Spannung, ist die Differenz $U - R_i \cdot I$ aus der induzierten Spannung und den ohmschen Spannungsverlusten $I \cdot R_i$ im Rotor und in den Elektromagneten. Sie

nimmt mit zunehmender Belastung bis zu einem Höchstwert zu, um mit weiterer Belastung wieder abzufallen.

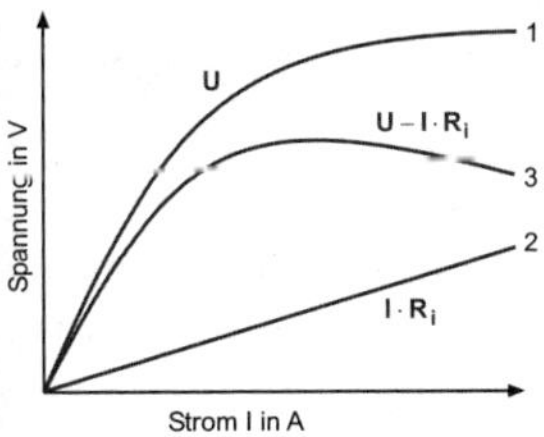

sinkt mit zunehmender Belastung leicht ab.

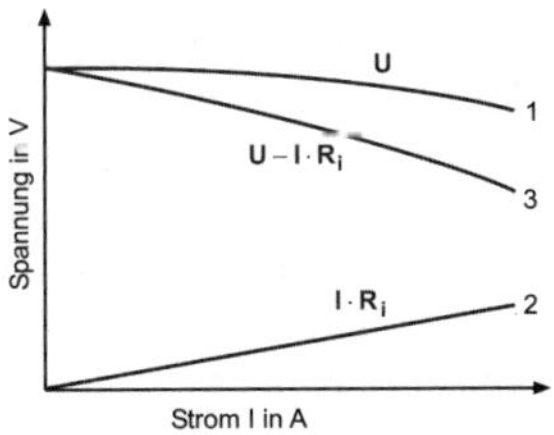

Hauptschlussdynamos liefern keine konstante Spannung und sind deshalb für die Stromversorgung ungeeignet. Ihr Vorteil besteht in der an den Verbraucher angepassten Leistung.

Für den Wirkungsgrad η gilt:

$$\eta = \frac{R_a}{R_i + R_a}$$

R_a: Außenwiderstand
R_i: Gesamtinnenwiderstand des Generators

Nebenschlussdynamos eignen sich wegen ihrer fast konstanten Spannung zur Speisung von Gleichstromnetzen.

Für den Wirkungsgrad η gilt:

$$\eta = \frac{1}{1 + \frac{R_R}{R_a} + \frac{R_a + 2R_R}{R_F} + \frac{R_a \cdot R_R}{R_F^2}}$$

R_a: Außenwiderstand
R_R: Widerstand des Rotors
R_F: Widerstand des Elektromagneten

41 Elektromotor

1 Als **Elektromotor** bezeichnet man in der Elektrotechnik eine umlaufende Maschine, die durch Lorentzkräfte elektrische Energie in mechanische umwandelt.

2 Die Abbildung zeigt den **prinzipiellen Aufbau** eines **Gleichstromelektromotors**. Eine zwischen den Polen eines Permanentmagneten drehbar gelagerte, von einem Gleichstrom durchflossene rechteckige Spule erfährt senkrecht zu den Magnetfeldlinien zwei Lorentzkräfte F, welche die Spule drehen (→ 22|1). In dem Moment, in dem die Spulenfläche senkrecht von den Feldlinien durchsetzt wird, kehrt ein Kommutator (→ 40|7) die Stromrichtung in der Spule um und bewirkt so zusammen mit ihrem Eigenschwung ein Weiterdrehen in der ursprünglichen Richtung.

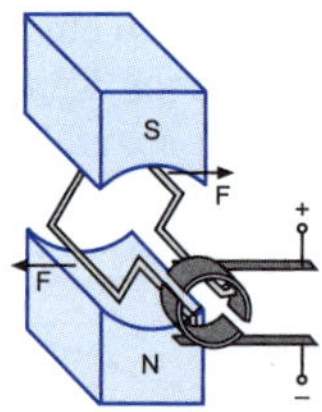

3 Bei der **technischen Realisierung** ersetzt man die Drehspule durch einen Trommelanker. Bei ihm sind im Prinzip n Spulen gleichmäßig versetzt auf einen Eisenkern gewickelt. Der Kommutator besteht aus 2n gleich großen Segmenten, von denen je zwei gegenüberliegende

so mit den Enden einer Spule verbunden sind, dass nur die Wicklung Strom erhält, die vor einen Magnetpol liegt. Man erreicht dadurch ein sicheres Anlaufen aus jeder Ruhestellung und im Betrieb einen gleichmäßigen Lauf.

Jeder **laufende Elektromotor** wirkt als **Generator**, weil scin Anker (→ 40|4) in einem Magnetfeld rotiert. Die induzierte Spannung U_i ist nach der Lenz'schen Regel (→ 31|3) entgegengesetzt zur angelegten Betriebsspannung U_0 und nach (→ 40|2) proportional zur Umdrehungszahl. 4

Durch einen rotierenden Anker mit ohmschen Widerstand R fließt daher ein Strom der Stärke $I = \frac{U_0 - U_i}{R}$.

Mit den Bezeichnungen aus (→ 41|4) gilt für den Wirkungsgrad eines Gleichstromelektromotors: 5

$$\eta = 1 - \frac{R \cdot I}{U_0}$$

Begründung: Der äußeren Spannungsquelle wird die elektrische Leistung $U_0 \cdot I$ entnommen. Davon erscheint der Teil $(U_0 - U_i) \cdot I$ als unerwünschte Wärmeleistung im Trommelanker (→ 41|4).

Der Rest $U_i \cdot I$ wird in erwünschte mechanische Leistung umgesetzt. Daher ist:

$$\eta = \frac{\text{abgegebene mechanische Leistung}}{\text{zugeführte elektrische Leistung}} = \frac{U_i \cdot I}{U_0 \cdot I} = \frac{U_i}{U_0}$$

$$= \frac{U_0 - R \cdot I}{U_0} = 1 - \frac{R \cdot I}{U_0}$$

Bei größeren **Gleichstromelektromotoren** erzeugt man das Magnetfeld aus den in (→ 40|5) genannten Gründen durch Elektromagnete. Je nachdem, ob diese in Reihe oder parallel zum Anker angeschlossen werden, unterscheidet man zwischen **Haupt- oder Nebenschlussmotoren**. 6

Bei **Hauptschlussmotoren** fließt der gleiche Strom durch den felderzeugenden Elektromagneten und den Trommelanker. Sie ziehen daher bei ruhendem Anker und fehlender Induktionsgegenspannung

besonders kräftig an. Bei plötzlicher Entlastung, im Leerlauf, erreichen sie aber sehr große Drehzahlen, die zur Zerstörung führen können. Man verwendet sie daher vor allem als Fahrzeugmotoren, da hier die Belastung nicht plötzlich wegfällt und ein großes Anzugsvermögen erwünscht ist.
Bei **Nebenschlussmotoren** hängt der Strom durch den felderzeugenden Elektromagneten nicht von der Stromstärke durch den Anker ab. Ihre Drehzahl ist nahezu lastunabhängig. Sie werden bevorzugt zum Antrieb von Werkstattmaschinen verwendet.

7 Alle **Haupt- und Nebenschlussmotoren** können prinzipiell auch mit **Wechselstrom** betrieben werden, weil der Strom im Anker und im felderzeugenden Elektromagneten gleichzeitig die Richtung umkehrt. Man nennt sie daher auch **Universalmotoren**. Zur Vermeidung von Wirbelströmen (→31|13) müssen bei Wechselstrombetrieb aber lamellierte Eisenkerne verwendet werden.
Da beim Nebenschlussmotor aufgrund der relativ hohen Wicklungszahlen durch den ständigen Magnetfeldauf- und Abbau relativ hohe Leistungsverluste (→23|11) auftreten, werden sie normalerweise nicht mit Wechselstrom betrieben.

8 Ein **Innenpol-Wechselstromgenerator** (→40|6) arbeitet als **Synchronmotor**, wenn man den rotierenden Feldmagneten mit Gleichstrom versorgt und die Induktionspulen an eine **Wechselspannungsquelle** anschließt.
Er läuft aber nicht selbstständig an, sondern muss erst auf eine durch die Wechselstromfrequenz vorgegebene Drehzahl gebracht werden. Diese ist erreicht, wenn sich der Rotor während einer halben Wechselspannungsperiode um eine Polbreite weiterbewegt (siehe Abbildung).

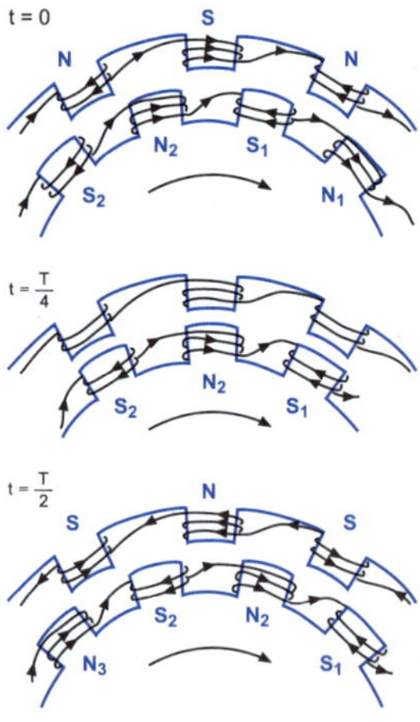

Synchronmotoren laufen nur mit dieser Drehzahl, fallen bei zu starker Abbremsung aus dem Takt und bleiben stehen. Sie finden überall dort Anwendung, wo es auf konstante Drehzahlen ankommt, z. B. beim Antrieb von CD-Spielern, elektrischen Uhren, Fernrohrnachführungen.

42 Drehstrom

Die Kraftwerks-Generatoren der öffentlichen Stromversorgung sind so gebaut, dass sie Dreiphasen- oder Drehspannung erzeugen. Darunter versteht man drei jeweils um 120° phasenverschobene Wechselspannungen gleicher Frequenz und gleicher Amplitude. 1

Rotiert z. B. ein Zweipolelektromagnet an drei, jeweils um 120° versetzt angebrachten, gleichartigen Induktionsspulen vorbei, werden in den Spulen drei Spannungen induziert (siehe Abbildung): 2

$$U_R(t) = U_0 \cdot \sin(\omega \cdot t)$$

$$U_S(t) = U_0 \cdot \sin\left(\omega \cdot t + \frac{2 \cdot \pi}{3}\right)$$

$$U_T(t) = U_0 \cdot \sin\left(\omega \cdot t + \frac{4 \cdot \pi}{3}\right)$$

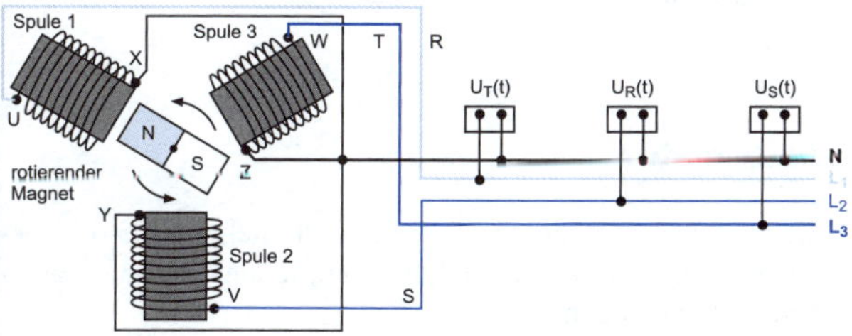

Die in (→ 42|2) zur Abführung der Spannungen mit nur 4 Leitungen verwendete Schaltung ist eine **Sternschaltung**. N heißt Neutralleiter. Die Leitungen L_1, L_2, L_3 bezeichnet man als Außen- oder Phasenleiter. 3

4 Einfache trigonometrische Rechnungen zeigen, dass

a) $U_R(t) + U_S(t) + U_T(t) = 0$

b) $U_R(t) - U_S(t) = \sqrt{3} \cdot U_0 \cdot \sin\left(\omega \cdot t + \frac{11 \cdot \pi}{6}\right)$

c) $U_R(t) - U_T(t) = \sqrt{3} \cdot U_0 \cdot \sin\left(\omega \cdot t + \frac{\pi}{6}\right)$

d) $U_S(t) - U_T(t) = \sqrt{3} \cdot U_0 \cdot \sin\left(\omega \cdot t + \frac{\pi}{2}\right)$

Die Wechselspannungen zwischen einem Phasen- und dem Nullleiter bzw. zwischen zwei Phasenleitern besitzen demnach in der Sternschaltung die Scheitelwerte U_0 bzw. $\sqrt{3} \cdot U_0$.

5 Die Energieverteilung vom Elektrizitätswerk zu den Hausanschlüssen erfolgt derzeit fast ausschließlich über Drehstromleitungen, bei denen der Neutralleiter geerdet ist und als Nullleiter bezeichnet wird. Der Effektivwert der Wechselspannung zwischen einem Phasen- und dem Nullleiter beträgt dabei 230 V, zwischen je zwei Phasenleitern 400 V.

6 Sind die elektrischen Widerstände zwischen dem Nullleiter und jedem Phasenleiter gleich groß, dann spricht man von symmetrischer Belastung. In diesem Fall ist der Nullleiter wegen (→ 42|4a) stromlos.

43 Transformator

1 Ein Transformator besteht aus zwei Spulen, die keine leitende Verbindung haben, aber auf einem gemeinsamen, in sich geschlossenen Eisenkörper aufgewickelt sind.
Die Abbildung zeigt die in der Technik gebräuchlichen Formen des **Kern- bzw. Manteltransformators**. Die dem Generator zugewandte Spule mit N_P Windungen heißt **Primärspule**, die dem Verbraucher zugewandte mit N_S Windungen **Sekundärspule**.

Mit Transformatoren lassen sich die Scheitelwerte von Wechselspannungen und Wechselströmen relativ verlustfrei nahezu beliebig ändern.

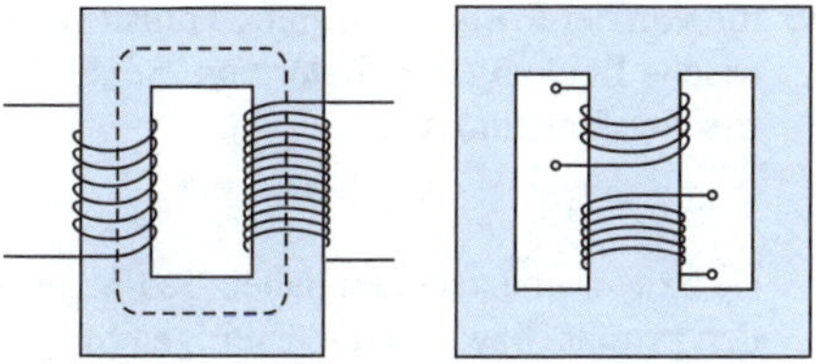

Kerntransformator Manteltransformator

Schließt man die Primärspule an eine Wechselspannungsquelle an, fließt durch sie ein Wechselstrom, der einen periodisch veränderlichen magnetischen Fluss durch den Eisenkern erzeugt. Dieser durchsetzt auch die Sekundärspule und induziert (→ 31 | 1) in ihr eine Wechselspannung. 2

Diese Beschreibung stellt aber nur das **Funktionsprinzip eines Transformators** dar. Da beim Anschluss eines Verbrauchers an die Sekundärseite der dann sekundärseitig fließende Wechselstrom über den von ihm erzeugten magnetischen Fluss auf die Primärseite zurückwirkt und zwischen den Strömen und Spannungen auf jeder Transformatorseite unterschiedliche Phasenverschiebungen auftreten, sind die Vorgänge am Transformator komplex.

Eine genaue, aufwändige Analyse zeigt, dass bei Vernachlässigung der Energieverluste durch die Magnetisierung des Eisenkerns (→ 23 | 11) 3

a) nur dann, wenn sekundärseitig kein Verbraucher angeschlossen ist (**unbelasteter Transformator**), sich die Effektivwerte der Spannungen auf den Transformatorseiten wie die Wicklungszahlen verhalten:

$$U_{P_{eff}} : U_{S_{eff}} = N_P : N_S$$

b) nur dann, wenn sekundärseitig ein sehr kleiner Widerstand angeschlossen ist (**stark belasteter Transformator**), sich die Effektivwerte der Stromstärken auf den Transformatorseiten umgekehrt wie die Wicklungszahlen verhalten:

$$I_{P_{eff}} : I_{S_{eff}} = N_S : N_P$$

c) die von der Primärseite eines Transformators aufgenommene elektrische Leistung gleich der vom Sekundärkreis verbrauchten elektrischen Leistung ist:

$$\mathbf{U_{P_{eff}} \cdot I_{P_{eff}} \cdot \cos \varphi_P = U_{S_{eff}} \cdot I_{S_{eff}} \cdot \cos \varphi_S}$$

φ_P bzw. φ_S bezeichnen dabei die Phasenverschiebungen zwischen den primär- bzw. sekundärseitigen Strömen und Spannungen.

4 Transformatoren ermöglichen einen **verlustreduzierten Transport elektrischer Energie über weite Entfernungen**. Beim Transport einer elektrischen Leistung $U \cdot I$ in einer Fernleitung vom ohmschen Widerstand R wird nämlich die Leistung $R \cdot I^2$ in Form von Wärme an die Umgebung abgegeben wird. Dieser unerwünschte Leistungsverlust lässt sich durch eine Erhöhung der Spannung bei gleichzeitiger Senkung der Stromstärke verringern.
Zu diesem Zweck wird die von Generatoren erzeugte Wechselspannung noch im Kraftwerk von Transformatoren auf Höchstspannungen von 380 kV oder 220 kV hochtransformiert ($N_S > N_P$) und anschließend auf die Fernleitung gegeben. In der Nähe von Städten und Industrieanlagen wird sie dann von Transformatoren auf Hochspannung von 110 kV heruntertransformiert ($N_S < N_P$) und damit die regionale Stromversorgung betrieben. Zur Versorgung einzelner Stadt- oder Landbezirke wird die Hochspannung durch weitere Transformatoren ($N_S < N_P$) auf die Mittelspannung von 10 kV oder 20 kV herabgesetzt. Schließlich wird in Ortsnetzstationen die Mittelspannung auf die Niederspannung von 400 V bzw. 230 V transformiert.

Elektromagnetische Schwingungen

44 Freie, ungedämpfte elektromagnetische Schwingungen

Ein Kondensator und eine Spule, die zu einem geschlossenen Leiter- 1
kreis verbunden sind, bilden einen elektromagnetischen **Schwingkreis**, in dem die **elektromagnetische Energie periodisch wechselnd** im elektrischen Feld des Kondensators und im magnetischen Feld der Spule gespeichert wird.

Physik des Schwingkreises 2

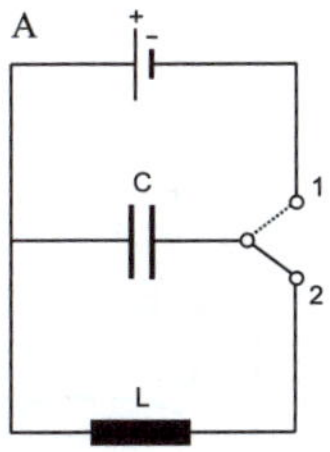

Wird in der in Bild A gezeigten Schaltung der Schalter von Stellung 1 in Stellung 2 gebracht, entlädt sich der Kondensator über die Spule.

a) Dabei steigt der Strom aber nur allmählich an, weil das von ihm in der Spule verursachte, anwachsende Magnetfeld nach der Lenz'schen Regel (→ 31 | 3) eine zur Kondensatorspannung entgegen gerichtete Induktionsspannung hervorruft.
b) Mit weiter abnehmender Ladung auf den Kondensatorbelegen und schwindender im Kondensator gespeicherter elektrischer Energie nehmen die Stärke des Stroms durch die Spule und die in der Spule gespeicherte magnetische Energie zu (siehe Bilder B und C).
c) Bei vollständig entladenem Kondensator hat der Strom durch die Spule seinen Maximalwert erreicht. Die bisher nicht in Stromwärme umgewandelte Schwingkreisenergie ist im Magnetfeld der Spule gespeichert (Bild D).
d) Da vom entladenen Kondensator keine Ladungsträger mehr abgegeben werden können, nimmt der Strom wieder ab.
e) Die vom schwindenden Magnetfeld in der Spule verursachte Induktionsspannung treibt den Spulenstrom nach der Lenz'schen Regel (→ 31 | 3) in der ursprünglichen Richtung weiter, sodass sich der Kondensator in umgekehrter Polung aufzuladen beginnt (Bild E).

f) Sind Spulenmagnetfeld und -strom vollständig verschwunden, besitzt der Kondensator wieder den ursprünglichen Ladungszustand, nur in umgekehrter Polung. Die ursprüngliche Schwingkreisenergie ist bis auf den in Stromwärme umgewandelte Anteil wieder im elektrischen Feld des Kondensators gespeichert (Bild F).

g) Dieser Vorgang wiederholt sich in umgekehrter Richtung.

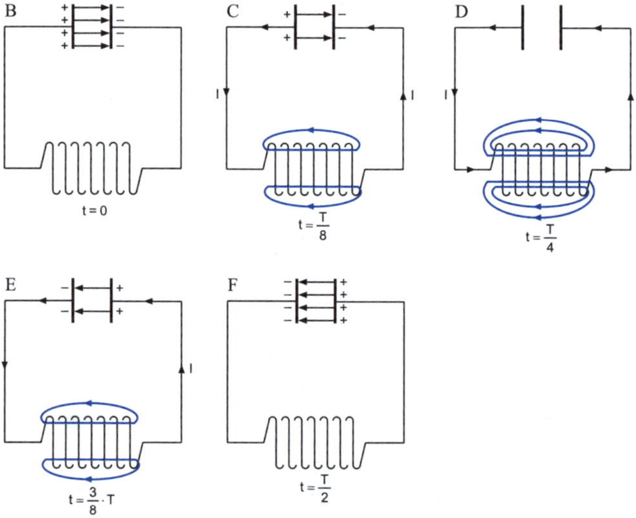

3 Kann man die ohmschen Widerstände der Spule und der Leitungen in einem Schwingkreis vernachlässigen, ändern sich durch die beschriebenen Vorgänge die Beträge der **Ladung** auf den Kondensatorbelegen, der Stärke des **Spulenstroms**, der **Spannungen an Spule und Kondensator**, der **elektrischen Feldstärke** des Kondensatorfeldes und der **magnetischen Flussdichte** des Spulenfeldes periodisch sinusförmig mit der Zeit. Jede dieser Größen **schwingt harmonisch**.

Ein **verlustfreier Schwingkreis** mit Induktivität L und Kapazität C lässt sich mathematisch durch die **Differenzialgleichung** 4

$$\ddot{Q} + \frac{1}{L \cdot C} \cdot Q = 0$$

beschreiben. Q bezeichnet dabei den zeitlich veränderlichen Betrag der Ladung auf einem Kondensatorbeleg.

Begründung: Wegen der Parallelschaltung sind die Spannungen U_L und U_C an Spule und Kondensator zu jedem Zeitpunkt gleich: $U_L = U_C$. Mit (→ 32|2) und (→ 6|2) folgt:

$$-L \cdot \dot{I} = \frac{Q}{C}$$

Unter Beachtung von (→ 11|6) $\dot{Q} = I$ bzw. $\ddot{Q} = \dot{I}$ ergibt sich hieraus die Differenzialgleichung durch Auflösen nach $\ddot{Q}$.

Jede Funktion der Form 5

$$Q(t) = Q_0 \cdot \sin(\omega \cdot t + \varphi) \text{ mit } \omega = \frac{1}{\sqrt{L \cdot C}}$$

ist für alle Werte von Q_0 und φ **Lösung dieser Differenzialgleichung**.

Begründung: Einsetzen von $\ddot{Q}(t) = -Q_0 \cdot \omega^2 \cdot \sin(\omega \cdot t + \varphi)$ in die Differenzialgleichung führt auf:

$$\left(-\omega^2 + \frac{1}{L \cdot C}\right) \cdot Q_0 \cdot \sin(\omega \cdot t + \varphi) = 0$$

Da $Q_0 \cdot \sin(\omega \cdot t + \varphi)$ eine zeitabhängige, von der Nullfunktion verschiedene Funktion ist, ist diese Gleichung nur dann für alle Zeiten t erfüllt, wenn $-\omega^2 + \frac{1}{L \cdot C} = 0$, wenn also $\omega = \frac{1}{\sqrt{L \cdot C}}$.

In einem verlustfreien elektromagnetischen Schwingkreis, in dem die Zeitabhängigkeit des Ladungsbetrags auf einem Kondensatorbeleg durch 6

$$Q(t) = Q_0 \cdot \sin(\omega \cdot t + \varphi)$$

beschrieben wird, gilt für die Zeitabhängigkeit

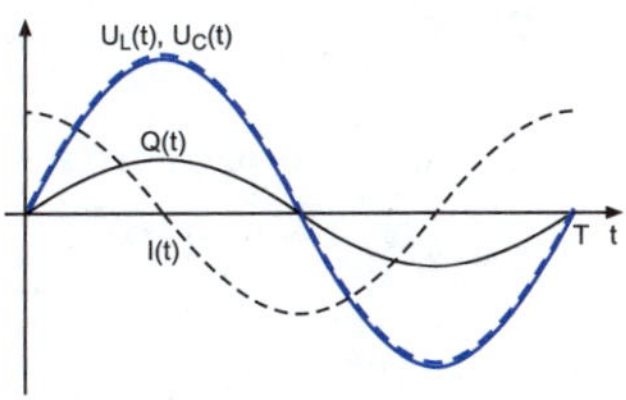

a) der Stromstärke:

$$\mathbf{I(t)} = \dot{Q}(t) = \mathbf{I_0 \cdot \cos(\omega \cdot t + \varphi)} \text{ mit } \mathbf{I_0 = \frac{Q_0}{\sqrt{L \cdot C}}}$$

b) der Spannung zwischen den Kondensatorbelegen:

$$\mathbf{U_C(t)} = \frac{Q(t)}{C} = \mathbf{U_{0,C}(t) \cdot \sin(\omega \cdot t + \varphi)} \text{ mit } \mathbf{U_{0,C} = \frac{Q_0}{C}}$$

c) der Spannung an der Spule:

$$\mathbf{U_L(t)} = -L \cdot \dot{I}(t) = \mathbf{U_{0,L} \cdot \sin(\omega \cdot t + \varphi)} \text{ mit } \mathbf{U_{0,L} = \frac{Q_0}{C}}$$

7 Die **Thomson'sche Gleichung**

$$\mathbf{T = 2 \cdot \pi \cdot \sqrt{L \cdot C}}$$

ermöglicht die Berechnung der Schwingungsdauer T eines verlustfreien elektromagnetischen Schwingkreises aus den Werten der Induktivität L und der Kapazität C.

Begründung: Die Beziehung folgt aus $\omega = \frac{1}{\sqrt{L \cdot C}}$ (→ 44|5) unter Beachtung von $\omega = \frac{2 \cdot \pi}{T}$ durch Auflösen nach T.

8 In einem verlustfreien elektromagnetischen Schwingkreis, in dem die Zeitabhängigkeit des Ladungsbetrags auf einem Kondensatorbeleg durch

$$Q(t) = Q_0 \cdot \sin(\omega \cdot t + \varphi)$$

beschrieben wird, gilt für die Zeitabhängigkeit der

a) zwischen den Kondensatorbelegen **gespeicherten elektrischen Energie**:

$$\mathbf{W_{el}(t)} = \frac{Q^2(t)}{2 \cdot C} = \mathbf{\frac{Q_0^2(t)}{2 \cdot C} \cdot \sin^2(\omega \cdot t + \varphi)}$$

b) in der Spule **gespeicherten magnetischen Energie**:

$$\mathbf{W_{mag}(t)} = \frac{1}{2} \cdot L \cdot I^2(t) = \mathbf{\frac{1}{2} \cdot L \cdot I_0^2 \cdot \cos^2(\omega \cdot t + \varphi)}$$

Die Summe beider Energien hat im Einklang mit dem Energieerhaltungssatz zu jedem Zeitpunkt den konstanten Wert:

$$W_{el} + W_{mag} = \frac{Q_0^2}{2 \cdot C} = \frac{1}{2} \cdot L \cdot I_0^2$$

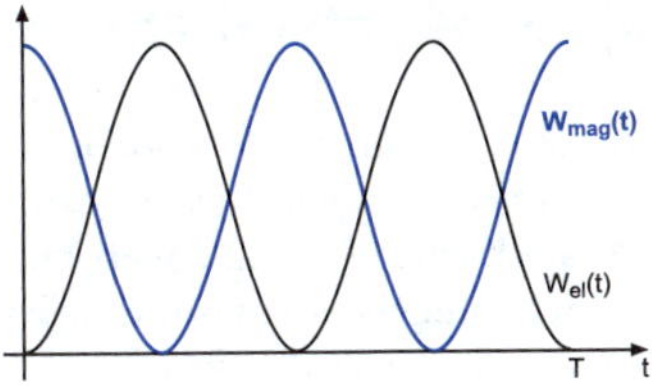

9

Durch **Vergleich** der Differenzialgleichungen eines

verlustfreien Schwingkreises mit Induktivität L und Kapazität C	und	**reibungsfreien Federpendels** der Masse m und der Federhärte D
$L \cdot \ddot{Q} + \frac{1}{C} \cdot Q = 0$		$m \cdot \ddot{x} + D \cdot x = 0$

ergeben sich folgende Analogien zwischen einer harmonischen

elektromagnetischen Schwingung:	bzw.	**mechanischen Schwingung**:
Induktivität L	≙	Masse m
Kehrwert $\frac{1}{C}$ der Kapazität (= elektrische Spannung pro Ladungseinheit)	≙	Federhärte D (= Federkraft pro Längeneinheit)
Stromstärke: $I = \dot{Q}$	≙	Geschwindigkeit: $v = \dot{x}$
zeitliche Änderung der Stromstärke: $\dot{I} = \ddot{Q}$	≙	Beschleunigung: $a = \dot{v} = \ddot{x}$
Spannungsabfall an der Spule: $U_L = -L \cdot \dot{I}$	≙	Newton'sche Kraft: $F = m \cdot a$
Spannung am Kondensator: $U_C = \frac{Q}{C}$	≙	Hooke'sche Kraft: $F = D \cdot x$
magnetische Energie: $E_{mag} = \frac{1}{2} \cdot L \cdot I^2$	≙	kinetische Energie: $E_{kin} = \frac{1}{2} \cdot m \cdot v^2$
elektrische Energie: $E_{el} = \frac{1}{2} \cdot \frac{Q^2}{C}$	≙	Spannenergie: $E_{spann} = \frac{1}{2} \cdot D \cdot x^2$

45 Gedämpfte elektromagnetische Schwingungen

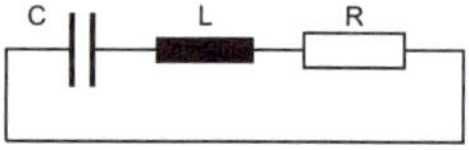

1 Wegen des immer vorhandenen ohmschen Widerstands eines Schwingkreises sind reale elektromagnetische Schwingungen gedämpft. Bezeichnet Q den zeitlich veränderlichen Betrag der Ladung auf einem Kondensatorbeleg, so gehorcht ein **realer Schwingkreis** mit Induktivität L, Kapazität C und ohmschen Gesamtwiderstand R der **Differenzialgleichung**:

$$\ddot{Q}(t) + \frac{R}{L} \cdot \dot{Q}(t) + \frac{1}{L \cdot C} \cdot Q(t) = 0$$

Begründung: Im ohmschen Widerstand wird im infinitesimal kurzen Zeitraum dt die infinitesimal kleine Energie

$$dW = U \cdot I \cdot dt = R \cdot I \cdot I \cdot dt = R \cdot I^2 \cdot dt$$

in Wärme umgewandelt (→ 16|6). Genau um diesen Energiebetrag nimmt im Zeitraum dt die elektrische und magnetische Gesamtenergie im Kreis ab:

$$d\left(\frac{1}{2} \cdot \frac{Q^2(t)}{C} + \frac{1}{2} \cdot L \cdot I^2(t)\right) = -R \cdot I^2(t) \cdot dt$$

Das Minuszeichen auf der rechten Gleichungsseite berücksichtigt die Abnahme der elektromagnetischen Energie mit fortschreitender Zeit. Hieraus folgt zunächst

$$\frac{d}{dt}\left(\frac{1}{2} \cdot \frac{Q^2(t)}{C} + \frac{1}{2} \cdot L \cdot I^2(t)\right) = -R \cdot I^2(t)$$

und weiter unter Anwendung der Kettenregel und unter Beachtung von $\dot{Q}(t) = I(t)$ und $\ddot{Q}(t) = \dot{I}(t)$ (→ 11|6):

$$I(t) \cdot \left[\frac{Q(t)}{C} + L \cdot \ddot{Q}(t) + R \cdot \dot{Q}(t)\right] = 0$$

Da diese Gleichung für alle Zeiten t erfüllt sein muss, I(t) aber nicht die Nullfunktion ist, folgt:

$$\ddot{Q}(t) + \frac{R}{L} \cdot \dot{Q}(t) + \frac{1}{L \cdot C} \cdot Q(t) = 0$$

Durch Nachrechnen findet man, dass jede Funktion der Form **2**

$$\mathbf{Q(t) = Q_0 \cdot e^{-\frac{R}{2 \cdot L} \cdot t} \cdot \sin(\omega \cdot t + \varphi)} \text{ und } \mathbf{\omega = \sqrt{\frac{1}{L \cdot C} - \frac{R^2}{4 \cdot L^2}}}$$

für alle Werte von Q_0 und φ **Lösung dieser Differenzialgleichung** ist.

Die **Kreisfrequenz** **3**

$$\mathbf{\omega = \sqrt{\frac{1}{L \cdot C} - \frac{R^2}{4 \cdot L^2}}}$$

einer **gedämpften Schwingung** ist wegen $\frac{R^2}{4 \cdot L^2} > 0$ stets kleiner als die Kreisfrequenz $\omega_0 = \sqrt{\frac{1}{L \cdot C}}$ einer ungedämpften Schwingung.

Die **Amplitude nimmt nach einer Exponentialfunktion** **4**

$$Q = Q_0 \cdot e^{-\frac{R}{2 \cdot L} \cdot t}$$

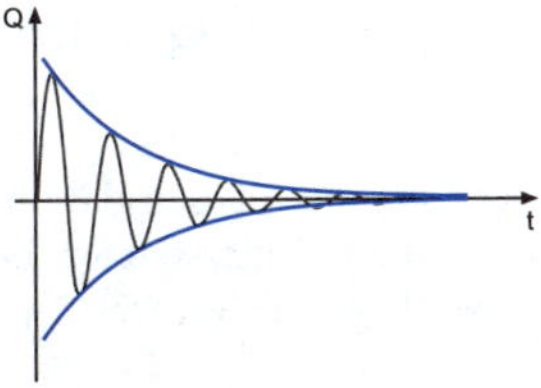

ab. Als Maß für die **Dämpfung** verwendet man das **logarithmische Dekrement Δ**. Darunter□ versteht man den natürlichen Logarithmus des Verhältnisses zweier um die Schwingungsdauer T aufeinander folgender maximaler Ladungswerte. Es gilt:

$$\mathbf{\Delta = \frac{R}{2 \cdot L} \cdot T}$$

Begründung:

$$\Delta = \ln\left(\frac{Q(n \cdot T)}{Q((n+1) \cdot T)}\right) = \ln\left(e^{+\frac{R}{2 \cdot L} \cdot T}\right) = \frac{R}{2 \cdot L} \cdot T$$

Bei den Dämpfungsgraden unterscheidet man prinzipiell drei Arten. **5**

a) Im **Schwingfall** bei schwacher Dämpfung,

$$\frac{1}{L \cdot C} - \frac{R^2}{4 \cdot L^2} > 0,$$

liegt eine gedämpfte Schwingung mit exponentiell abnehmender Amplitude aber konstanter Periodendauer vor.

b) Im **Kriechfall** bei starker Dämpfung,

$$\frac{1}{L \cdot C} - \frac{R^2}{4 \cdot L^2} \leq 0,$$

entlädt sich der Kondensator exponentiell, eine **elektromagnetische Schwingung tritt nicht** mehr **auf**.

c) Im **aperiodischen Grenzfall**

$$\frac{1}{L \cdot C} - \frac{R^2}{4 \cdot L^2} = 0$$

findet die exponentielle schwingungsfreie Entladung am schnellsten statt.

46 Erzeugung und Nachweis ungedämpfter elektromagnetischer Schwingungen

1 Zur Aufrechterhaltung einer ungedämpften elektromagnetischen Schwingung müssen die im Wesentlichen durch Stromwärme in den ohmschen Widerständen bedingten Energieverluste periodisch von außen kompensiert werden.

2 In der **Meissner'schen Rückkoppelungsschaltung** wird zu diesem Zweck die Schwingkreisspule L_S induktiv mit einer zweiten Spule, der Rückkoppelungsspule L_R, mittels eines gemeinsamen geschlossenen Eisenkerns gekoppelt (→ 48 | 2). Die Änderung des magnetischen Flusses in der Schwingkreisspule induziert in der Rückkoppelungsspule eine mit der Frequenz des Schwingkreises schwingende Spannung. Verbindet man die Rückkoppelungsspule so mit der Kathode und dem Gitter einer Triode (→ 15 | 9), dass die Spannung U_R an L_R stets entgegengesetzt zur Spannung U_S an L_S wirkt, steuert U_R den Elektronenstrom in der Triode von der Kathode zur Anode so, dass der Schwingkreiskondensator während einer Schwingung zweimal von der äußeren Spannungsquelle in der richtigen Polung auf den ursprünglichen Ladungszustand gebracht wird.

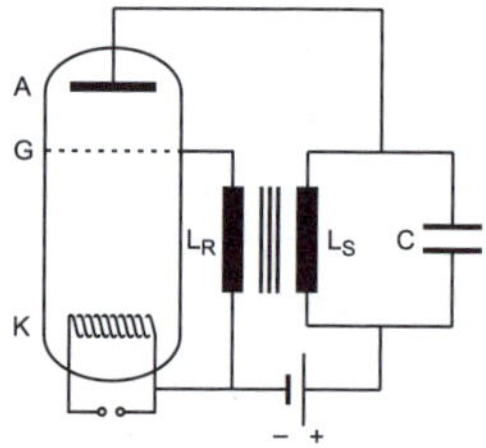

3

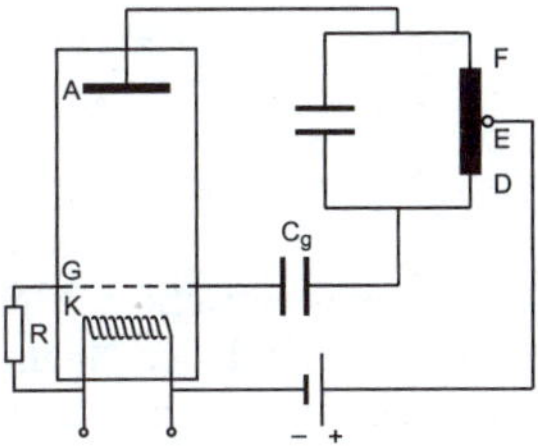

Mit der **Dreipunktschaltung**, deren Name von den drei Anschlussstellen an der Schwingkreisspule herrührt, lassen sich ebenfalls ungedämpfte elektromagnetische Schwingungen erzeugen (siehe Abbildung).
Betrachtet man den Punkt E, in dem die Schwingkreisspule angezapft wird, als neutralen Punkt, so haben die Punkte D und F an den Spulenenden stets entgegengesetzte Polung. Bei positivem F ist D und damit das Gitter negativ und sperrt den Strom von der Kathode zur Anode. Bei negativem F ist D und damit das Gitter positiv. Der Strom kann von der Kathode zur Anode fließen und dem Schwingkreis Energie zuführen. Der Kondensator C_g hält als unendlich großer Gleichstromwiderstand zerstörerische Gleichströme vom Gitter ab.
Er versperrt aber ungewollt auch die Abflussmöglichkeit für Elektronen, die während des Röhrenbetriebs zufällig am Gitter hängen bleiben. Durch die damit verbundene negative Gitteraufladung käme der Strom von der Kathode zur Anode dauerhaft zum Erliegen. Der hochohmige Widerstand R öffnet diesen Elektronen eine Abflussmöglichkeit von G über R nach K.

4

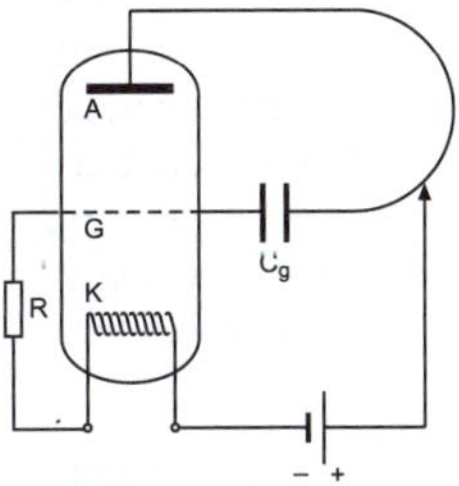

Hochfrequente elektromagnetische Schwingungen lassen sich wegen

$$f = \frac{1}{2 \cdot \pi \cdot \sqrt{L \cdot C}}$$

durch Verkleinerung der Schwingkreiskapazität und -induktivität **erzeugen** (→ 44|7).
In einer Dreipunktschaltung wird dies erreicht, indem man den Schwingkreiskondensator ganz entfernt und die Schwingkreisspule durch einen Drahtbügel ersetzt. Die Schwingkreiskapazität stimmt dann im Wesentlichen mit der sehr kleinen Kapazität C_{GA} zwischen Gitter und Anode überein:

$$\left.\begin{array}{l}\dfrac{1}{C_{ges}}=\dfrac{1}{C_g}+\dfrac{1}{C_{GA}}\\ C_g \gg C_{GA}\end{array}\right\} \Rightarrow \dfrac{1}{C_{ges}}\approx\dfrac{1}{C_{GA}} \Rightarrow C_{ges}\approx C_{GA}$$

5 **Elektromagnetische Schwingungen** lassen sich durch den **Nachweis** von Wechselspannungen und -strömen im Schwingkreis belegen. Beträgt die **Schwingkreisfrequenz einige wenige Hertz**, schaltet man

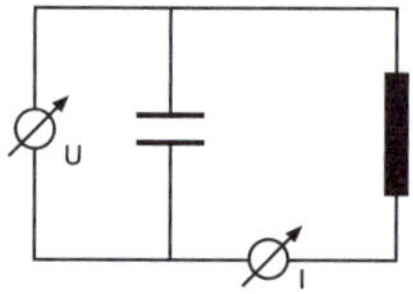

a) zum **Stromnachweis** ein Drehspulamperemeter kleiner Trägheit in den Schwingkreis,
b) zum **Spannungsnachweis** ein Drehspulvoltmeter geringer Trägheit parallel zum Schwingkreiskondensator.

Bei beiden Instrumenten sollte der Nullpunkt in der Skalenmitte liegen.

6 Liegt die **Schwingkreisfrequenz im Tonfrequenzbereich**,

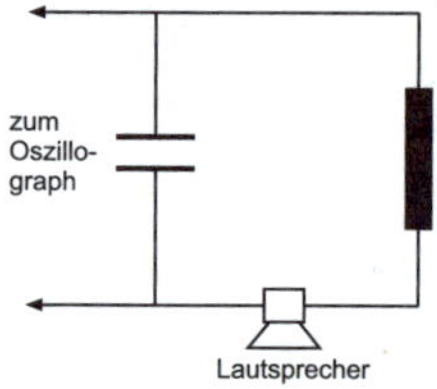

a) ersetzt man **zum Stromnachweis** das Drehspulamperemeter aus (→ 46|5) durch einen Lautsprecher. Seine vom Wechselstrom mit der Schwingkreisfrequenz angeregte Membran erzeugt Schallwellen, die das menschliche Ohr im Frequenzbereich 20 Hz bis 20 000 Hz wahrnehmen kann.
b) schließt man **zum Spannungsnachweis** den Schwingkreiskondensator an einen Oszillographen an.

7 Liegt die **Schwingkreisfrequenz über dem Tonfrequenzbereich**,
a) baut man **zum Stromnachweis** ein Glühlämpchen (oder ein empfindliches Drehspulinstrument mit vorgeschaltetem Gleichrichter)in der Mitte (→ 49|4) einer Spule ein und koppelt diese induktiv (→ 48|2) mit der Schwingkreisspule. Wegen der hohen Frequenz des Wechselstroms in der Schwingkreisspule wird in der Nachweisspule einen ausreichend starker Wechselstrom induziert.

b) kann bei nicht zu kleiner Spannung **der Spannungsnachweis** mit einer parallel zum Schwingkreiskondensator geschalteten Glimmlampe erbracht werden.

47 Erzwungene elektromagnetische Schwingungen

Legt man an einen Schwingkreis eine Wechselspannung $U_0 \cdot \sin(\omega \cdot t)$, 1
führen seine schwingungsfähigen Größen nach kurzer Einschwingzeit, in der die Eigenschwingungen mit der **Eigenkreisfrequenz**

$$\omega_0 = \frac{1}{\sqrt{L \cdot C}}$$

dämpfungsbedingt abklingen, erzwungene Schwingungen mit der **Erregerkreisfrequenz** ω aus. Diese sind in der Phase gegen die Erregerschwingung verschoben. Ihre Amplitude und die Größe der Phasenverschiebung hängen von der Erregerfrequenz ω ab.

Abhängig davon, ob Schwingkreisspule und -kondensator 2
in Reihe | oder **parallel**
an die äußere Spannungsquelle angeschlossen werden, unterscheiden

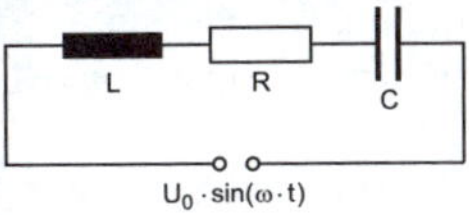

sich die Spannungen U_L bzw. U_C an Spule und Kondensator in der Phase um 180° (→ 38|5).

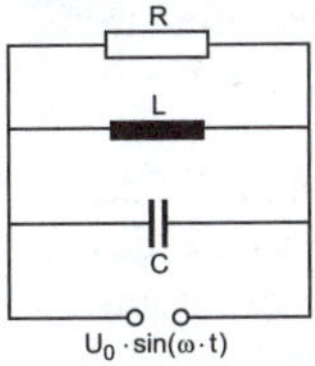

sich die Teilstromstärken I_L bzw. I_C in den Zweigen mit Spule bzw. Kondensator in der Phase um 180° (→ 38|7).

Für $\mathbf{0 < \omega < \omega_0}$, solange die Erregerkreisfrequenz ω kleiner als 3
die Eigenkreisfrequenz $\omega_0 = \frac{1}{\sqrt{L \cdot C}}$ ist, überwiegt der Wechselstromwiderstand $X_C = \frac{1}{\omega \cdot C}$ des Kondensators (→ 36|2) den Wechselstromwiderstand $X_L = \omega \cdot L$ der Spule (→ 36|4).

Der Kreis wirkt kapazitiv und der Gesamtstrom eilt der angelegten Spannung in der Phase voraus (→ 38|5). Mit wachsendem ω wird die Phasenvoreilung kleiner, der Gesamtwiderstand nimmt ab und der Scheitelwert I_0 der Gesamtstromstärke zu (→ 38|6).

Der Kreis wirkt induktiv und der Gesamtstrom eilt der angelegten Spannung in der Phase nach (→ 38|7). Mit wachsendem ω wird die Phasennacheilung kleiner, der Gesamtwiderstand nimmt zu und der Scheitelwert I_0 der Gesamtstromstärke ab (→ 38|8).

4 Im **Resonanzfall $\omega = \omega_0$**

sind U_L bzw. U_C betragsgleich und heben sich wegen des 180°-Phasenunterschieds gegenseitig auf.

sind I_L bzw. I_C betragsgleich und tragen wegen des 180°-Phasenunterschieds nicht mehr zum Gesamtstrom bei.

Gesamtstrom und Erregerspannung schwingen phasengleich.

Im Kreis wirkt nur noch der ohmsche Widerstand stromhemmend, der Gesamtwiderstand des Kreises erreicht ein absolutes Minimum, die Stromstärke ein absolutes Maximum. Die Scheitelwerte der Spannungen an Spule und Kondensator können als Produkt des betreffenden Wechselstromwiderstands und der Scheitelstromstärke den Scheitelwert U_0 der angelegten Spannung um ein Vielfaches übertreffen. Man spricht von **Spannungsresonanz**.

Die Gesamtstromstärke wird nur noch durch den im ohmschen Zweig fließenden Strom bestimmt und erreicht ein absolutes Minimum. Der Gesamtwiderstand nimmt sein absolutes Maximum an.
Die Scheitelwerte der Stromstärken im induktiven und kapazitiven Zweig können als Quotient des Scheitelwerts U_0 der angelegten Spannung und des betreffenden Wechselstromwiderstands den Scheitelwert der Gesamtstromstärke um ein Vielfaches übertreffen. Man spricht von **Stromresonanz**.

Keine dieser Resonanzerscheinungen steht im Widerspruch zum Energieerhaltungssatz, da in jedem der beiden Fälle die Energie ohne Einbeziehung der Spannungsquelle zwischen Spule und Kondensator nur hin- und herpendelt.

Für $\omega_0 < \omega$, wenn die Erregerkreisfrequenz ω größer als die Eigenkreisfrequenz ω_0 ist, überwiegt der Wechselstromwiderstand der Spule den des Kondensators. Der Kreis wirkt 5

induktiv und der Gesamtstrom eilt der angelegten Spannung in der Phase nach (→ 38|5).
Mit wachsendem ω wird die Phasennacheilung größer, der Gesamtwiderstand nimmt zu und der Scheitelwert I_0 der Gesamtstromstärke ab (→ 38|6).

kapazitiv und der Gesamtstrom eilt der angelegten Spannung in der Phase vor (→ 38|7).
Mit wachsendem ω wird die Phasenvoreilung größer, der Gesamtwiderstand nimmt ab und der Scheitelwert I_0 der Gesamtstromstärke zu (→ 38|8).

Kreisfrequenz-Gesamtwiderstand-Diagramm 6

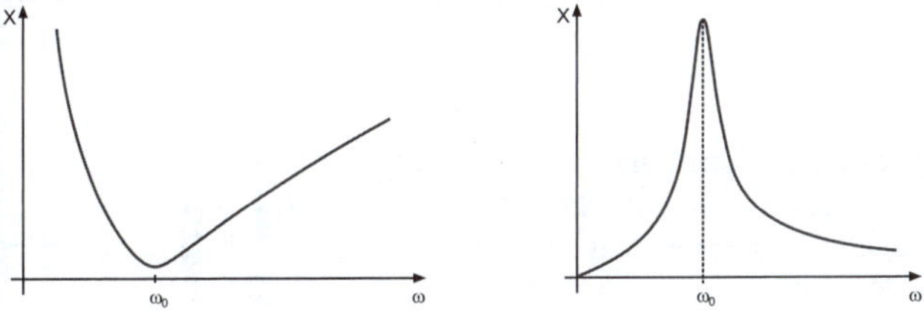

Kreisfrequenz-Gesamtstromstärke-Diagramm 7

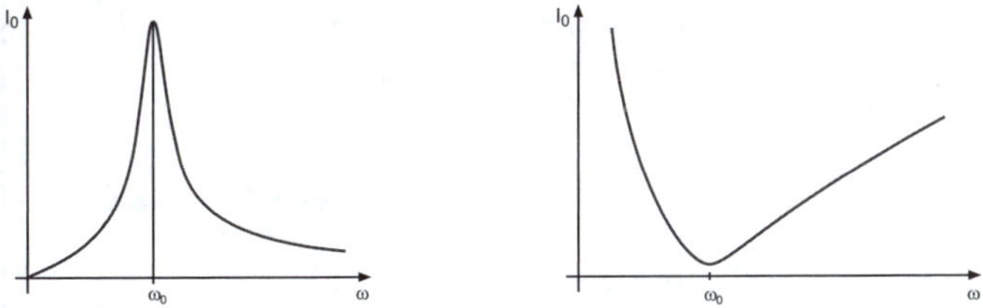

8 Höherfrequente, erzwungene, elektromagnetische Schwingungen in einem Schwingkreis S_1 lassen sich realisieren, indem man die Schwingkreisspule induktiv (→ 48|2) mit der Spule einer Rückkoppelungsschaltung koppelt.

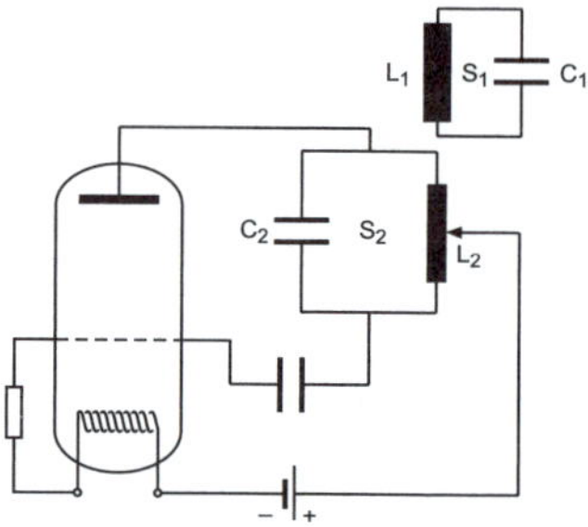

48 Kopplung von Schwingkreisen

1 Zwei **Schwingkreise** sind **gekoppelt**, wenn sie sich wechselseitig beeinflussen können.

2 Bei der

a) **induktiven Kopplung** ist beiden Kreisen das Überlagerungsfeld der Spulenmagnetfelder gemeinsam.

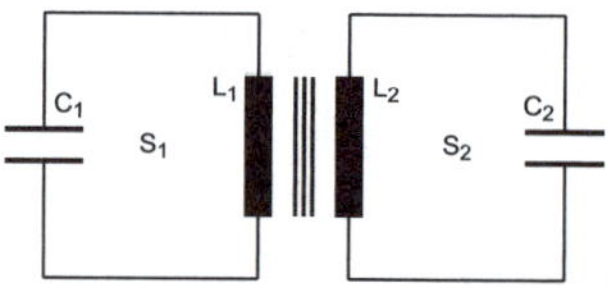

induktive Kopplung

b) **kapazitiven Kopplung** ist beiden Kreisen das elektrische Feld des Koppelkondensators C_K gemeinsam.

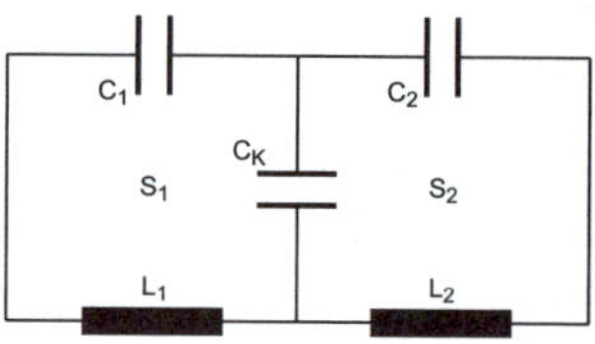

kapazitive Kopplung

c) **Widerstandskopplung** ist beiden Kreisen der Strom durch bzw. der Spannungsabfall am ohmschen Widerstand gemeinsam.

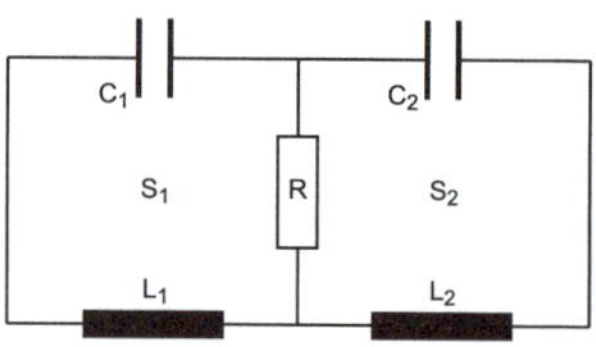

Widerstandskopplung

Das **physikalisch Wesentliche** der im Allgemeinen recht komplexen Vorgänge in **gekoppelten Schwingkreisen** lässt sich in der Schule nur exemplarisch darstellen. 3
So wird in einem System zweier kapazitiv gekoppelter Schwingkreise gleicher Eigenfrequenz die Energie periodisch von einem Schwingkreis auf den anderen übertragen. Die Geschwindigkeit dieses Energieübertrags hängt von der Stärke der Kopplung ab.

Das System kann aber genau zwei so genannte Eigen- oder **Fundamentalschwingungen** ausführen, bei denen **kein Energieaustausch** stattfindet. Bei der 4

ersten Fundamentalschwingung

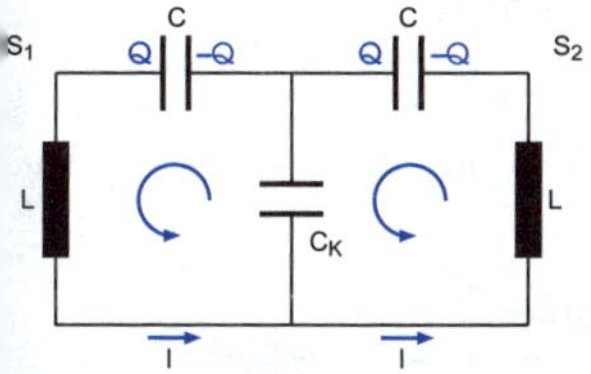

werden die Schwingkreise zu jedem Zeitpunkt **von betrags- und umlaufssinngleichen Strömen durchflossen**, die Schwingkreiskondensatoren tragen betrags- und vorzeichengleiche Ladungen.

Die Kreisfrequenz ω_I dieser Fundamentalschwingung stimmt mit der Eigenkreisfrequenz ω_0 eines Einzelschwingkreises überein:

$$\omega_I = \frac{1}{\sqrt{L \cdot C}}$$

zweiten Fundamentalschwingung

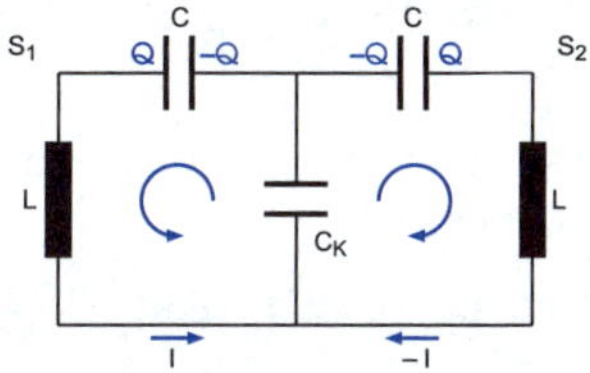

werden die Schwingkreise zu jedem Zeitpunkt **von betragsgleichen Strömen gegensinnig durchflossen**, die Schwingkreiskondensatoren tragen betragsgleiche Ladungen unterschiedlichen Vorzeichens.

Die Kreisfrequenz ω_{II} dieser Fundamentalschwingung beträgt:

$$\omega_{II} = \sqrt{\frac{C_k + 2 \cdot C}{L \cdot C \cdot C_k}}$$

5 Die mathematische Analyse zeigt, dass sich die allgemeine Schwingung des Schwingkreises S_1 oder S_2 als Überlagerung der beiden Fundamentalschwingungen darstellen lässt. Wenn also für die Stromstärke der ersten Fundamentalschwingung

$$I_I(t) = I_0 \cdot \sin(\omega_I \cdot t)$$

und der zweiten Fundamentalschwingung

$$I_{II}(t) = I_0 \cdot \sin(\omega_{II} \cdot t)$$

gilt, ergibt sich die Stromstärke im Allgemeinfall im Schwingkreis S_1 zu

$$I_{S_1}(t) = I_I(t) + I_{II}(t) = I_0 \cdot (\sin(\omega_I \cdot t) + \sin(\omega_{II} \cdot t)),$$

im Schwingkreis S_2 zu

$$I_{S_2}(t) = I_I(t) - I_{II}(t) = I_0 \cdot (\sin(\omega_I \cdot t) - \sin(\omega_{II} \cdot t)).$$

6 Durch elementare trigonometrische Umformungen dieser Terme erhält man

$$I_{S_1}(t) = 2 \cdot I_0 \cdot \cos\left(\frac{\omega_I - \omega_{II}}{2} \cdot t\right) \cdot \sin\left(\frac{\omega_I + \omega_{II}}{2} \cdot t\right)$$

$$I_{S_2}(t) = 2 \cdot I_0 \cdot \sin\left(\frac{\omega_I - \omega_{II}}{2} \cdot t\right) \cdot \cos\left(\frac{\omega_I + \omega_{II}}{2} \cdot t\right)$$

$I_{S_1}(t)$ und $I_{S_2}(t)$ lassen sich als Schwingungen mit der Kreisfrequenz $\frac{\omega_I + \omega_{II}}{2}$ interpretieren, deren Phasen gegeneinander um $\frac{\pi}{2}$ verschoben sind und deren Amplituden sich periodisch mit der kleineren Kreisfrequenz $\frac{\omega_I - \omega_{II}}{2}$ ändern. Man spricht von einer **Schwebung** (siehe Abbildung auf der folgenden Seite).

$$I_I(t) = I_0 \cdot \sin(\omega_I \cdot t)$$

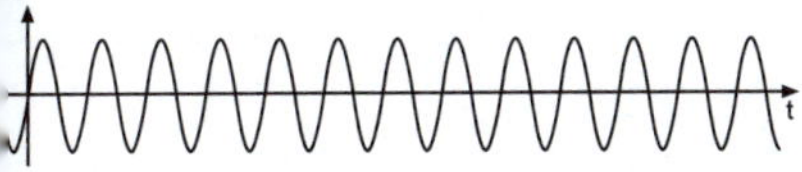

$$I_{II}(t) = I_0 \cdot \sin(\omega_{II} \cdot t)$$

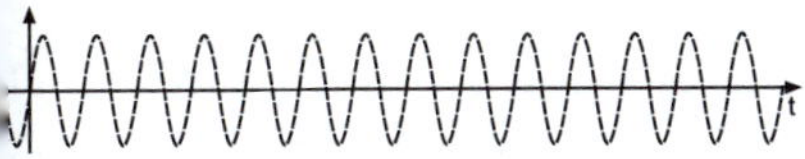

$$I_{S_1}(t) = 2 \cdot I_0 \cdot \cos\left(\frac{\omega_I - \omega_{II}}{2} \cdot t\right) \cdot \sin\left(\frac{\omega_I + \omega_{II}}{2} \cdot t\right)$$

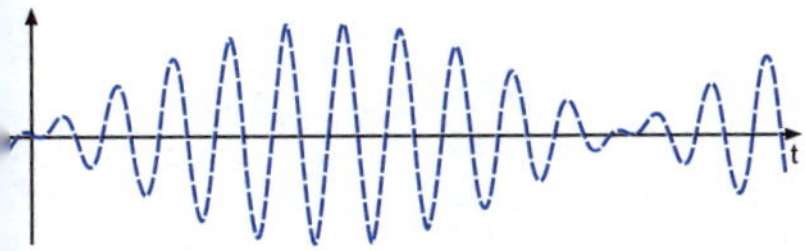

$$I_{S_2}(t) = 2 \cdot I_0 \cdot \sin\left(\frac{\omega_I - \omega_{II}}{2} \cdot t\right) \cdot \cos\left(\frac{\omega_I + \omega_{II}}{2} \cdot t\right)$$

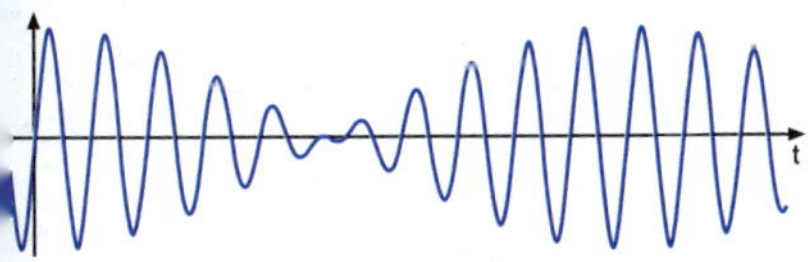

Elektromagnetische Wellen

49 Elektrische Dipolschwingungen

1 1887 entdeckte Heinrich Hertz, dass sich der elektrische Strom in Leitungen nicht unendlich schnell, sondern mit Lichtgeschwindigkeit ausbreitet. Das führt bei Schwingkreisen mit sehr hohen Eigenfrequenzen dazu, dass die Stromstärke zu einem bestimmten Zeitpunkt nicht mehr überall im Schwingkreis denselben Wert hat.

2 Einen solchen Schwingkreis stellt ein gerader Metallstab dar. Er lässt sich als aufgebogener, offener Schwingkreis auffassen, bei dem die Stabenden die rudimentären Reste eines Plattenkondensators und er selbst die auseinander gezogene Spule darstellen. Seine Eigenfrequenz f_0 ist wegen der kleinen, längs des Stabs verteilten Induktivität und Kapazität nach (→ 44|7) sehr groß. Er wird als **Hertz'scher Dipol** bezeichnet.

3 Koppelt man ihn induktiv (→ 48|2) und mittig mit dem Schwingkreisbügel eines Hochfrequenzoszillators, z. B. dem der Dreipunktschaltung (→ 46|4), so lassen sich erzwungene elektromagnetische Schwingungen mit einer zeitlichen Phasenverschiebung von einer Viertelschwingung zwischen Wechselstrom und -spannung beobachten. Die Scheitelwerte I_0 der Stromstärke an einer Dipolstelle bzw. U_0 der Spannung zwischen einer Dipolstelle und der Dipolmitte **hängen aber vom Abstand x** dieser Stelle **von der Dipolmitte** ab. Im Resonanzfall, wenn die Erregerfrequenz mit der Eigenfrequenz des Hertz'schen Dipols übereinstimmt, gilt (ℓ bezeichnet dabei die Länge des Dipols):

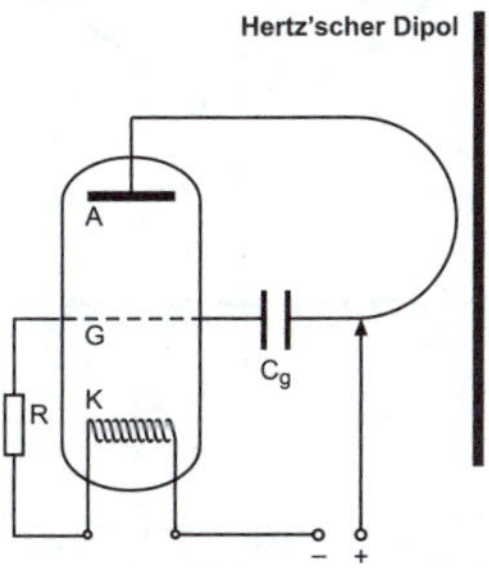

a) $\mathbf{I_0(x) = I_{0,max} \cdot \cos\left(\frac{\pi \cdot x}{\ell}\right)}$ b) $\mathbf{U_0(x) = U_{0,max} \cdot \sin\left(\frac{\pi \cdot x}{\ell}\right)}$

Stromverlauf **Spannungsverlauf**

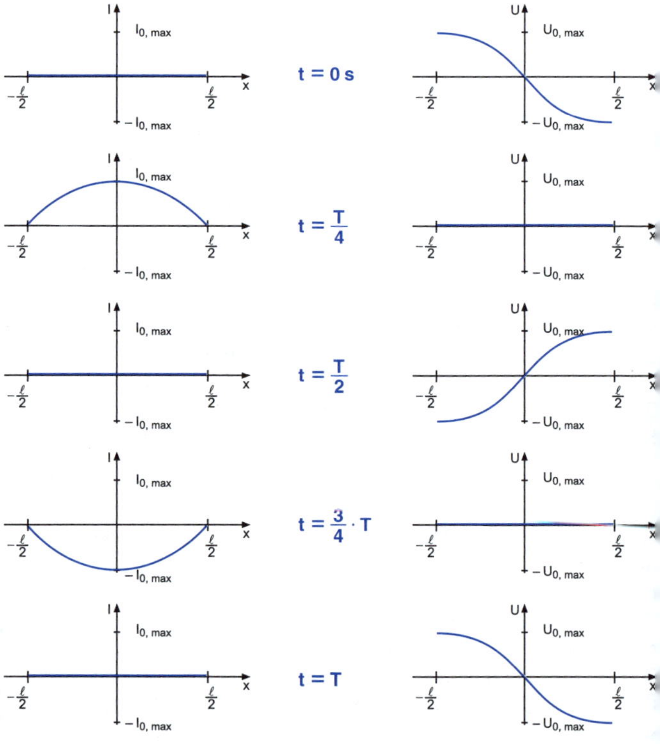

4 Zum **qualitativen Nachweis** der Beziehung

a) (→ 49|3a) baut man in den Dipol mehrere Glühlämpchen ein, die umso heller leuchten, je kleiner ihre Entfernung zur Dipolmitte ist.

b) (→ 49|3b) führt man eine einseitig geerdete Glimmlampe berührend am Dipol entlang. Ihr Leuchten nimmt von den Dipolenden zur Dipolmitte hin ab.

Die Erklärung der experimentellen Befunde gelingt mit dem **Modell der longitudinalen Stromwellen**:

a) Durch die Ankopplung an den Erregerkreis werden Elektronen in der Dipolmitte M zu Schwingungen mit der Erregerfrequenz f parallel zur Dipolachse veranlasst, die sich nach beiden Seiten als laufende, longitudinale Stromwellen ausbreiten.

b) Benachbarte Elektronen schwingen phasenverschoben. In periodischen Abständen folgen jedoch Stellen, an denen die Schwingungsphasen übereinstimmen. Der kürzeste Abstand zweier Elektronen gleicher Schwingungsphase heißt **Wellenlänge λ**.

c) Nicht die Elektronen, sondern ihre Schwingungszustände schreiten längs des Drahtes mit der **Phasengeschwindigkeit c_{Ph}** fort, die gleich der Vakuumlichtgeschwindigkeit $c = 3 \cdot 10^8 \frac{m}{s}$ ist.

d) Da in der Zeit T, in der die Elektronen eine volle Schwingung um ihre „Ruhelage" ausführen, die Schwingungsphase um die Strecke λ im Draht fortschreitet, gilt $c_{Ph} = \frac{\lambda}{T}$ oder wegen $f = \frac{1}{T}$:

$$c_{Ph} = \lambda \cdot f$$

e) An den Dipolenden werden die Stromwellen mit einem Phasensprung von 180° reflektiert.

f) Durch Überlagerung der von M ausgehenden und der reflektierten Stromwellen kommt es bei einer beliebigen Dipollänge zu einer mehr oder weniger starken Auslöschung.

g) Beträgt aber die Dipollänge ℓ gerade die Hälfte der Stromwellenlänge λ, so treffen die reflektierten Stromwellen mit einer Phasenverschiebung von 360° wieder bei M ein und unterstützen die Erregung. Es bildet sich eine stehende, longitudinale Stromwelle der Wellenlänge $\lambda = 2 \cdot \ell$ aus, bei der die Elektronen phasengleich, jedoch mit ortsabhängiger Amplitude um ihre Ruhelage schwingen.

h) Da die Ladungsdichte an einer Dipolstelle mit der Heftigkeit der Elektronenbewegung abnimmt, ist damit eine **stehende Ladungsdichtewelle** mit Knoten in der Dipolmitte und Bäuchen an den Dipolenden verknüpft.

i) Da die Spannung zwischen einer Dipolstelle und der Dipolmitte von der Differenz der zugehörigen Ladungsdichten bestimmt wird, entsteht längs des Dipols eine **stehende Spannungswelle** mit Bäuchen an den Dipolenden und Knoten in der Dipolmitte.

6 Ein Hertz'scher Dipol der Länge ℓ lässt sich zu **Oberschwingungen**

a) der Wellenlänge $\lambda_n = \frac{2 \cdot \ell}{n+1}$ bzw.

b) der Frequenz $f_n = (n+1) \cdot \frac{c}{2 \cdot \ell}$

anregen, wenn man den Schwingkreisbügel eines mit der Frequenz f_n schwingenden Hochfrequenzoszillators induktiv mit einer Dipolstelle mit Strommaximum koppelt (siehe Abbildung).

Stromverteilung | **Spannungsverteilung**

Grundschwingung: $\lambda_0 = \frac{2 \cdot \ell}{1}$; $f_0 = \frac{1 \cdot c}{2 \cdot \ell}$

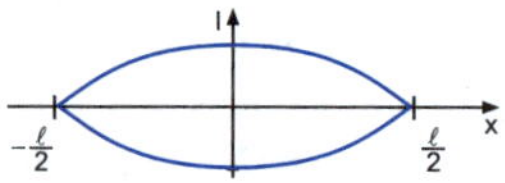

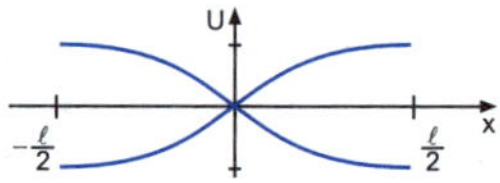

1. Oberschwingung: $\lambda_1 = \frac{2 \cdot \ell}{2}$; $f_1 = \frac{2 \cdot c}{2 \cdot \ell}$

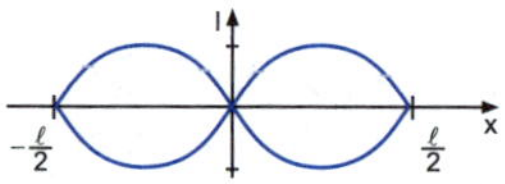

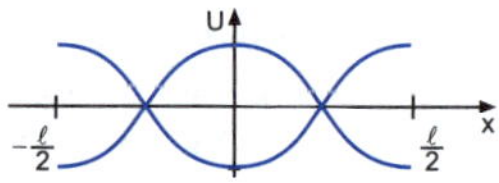

2. Oberschwingung: $\lambda_2 = \frac{2 \cdot \ell}{3}$; $f_2 = \frac{3 \cdot c}{2 \cdot \ell}$

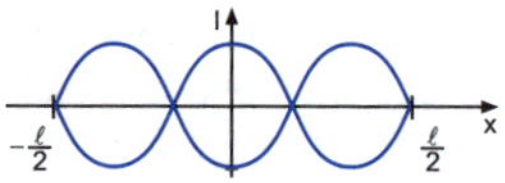

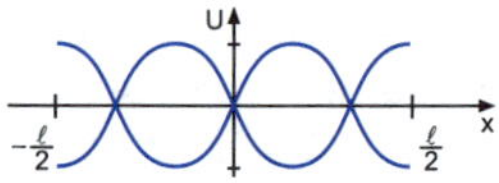

3. Oberschwingung: $\lambda_3 = \frac{2 \cdot \ell}{4}$; $f_3 = \frac{4 \cdot c}{2 \cdot \ell}$

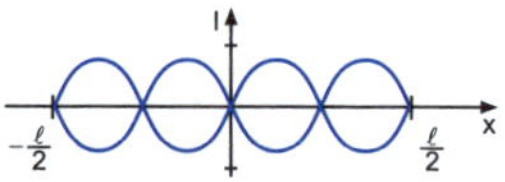

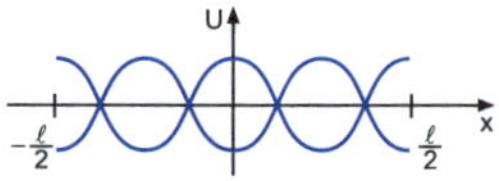

50 Dipolstrahlung

Die stehenden Strom- und Spannungswellen eines in der **Grundschwingung angeregten Hertz'schen Dipols** erzeugen in seiner Umgebung **magnetische und elektrische Wechselfelder**. Wegen der hohen Frequenz können diese sich beim Umpolen nicht mehr vollständig in den Dipol zurückziehen, ein Teil schnürt sich ab und wandert als geschlossene Feldlinien in den Raum.

1

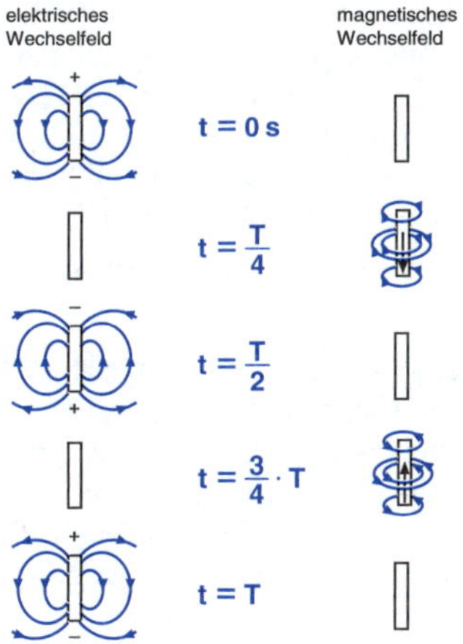

Bereits 1864 erklärte Maxwell den **Ausbreitungsmechanismus elektromagnetischer Wechselfelder**.
Unabhängig von irgendwelchen materiellen Trägern wird jedes zeitlich veränderliche magnetische Feld von einem zeitlich veränderlichen elektrischen Wirbelfeld umschlossen und umgekehrt. Elektrische und magnetische Wechselfelder können sich so, losgelöst von materiellen Trägern, gegenseitig generieren und, wie in der Abbildung angedeutet, in den Raum ausbreiten.

2

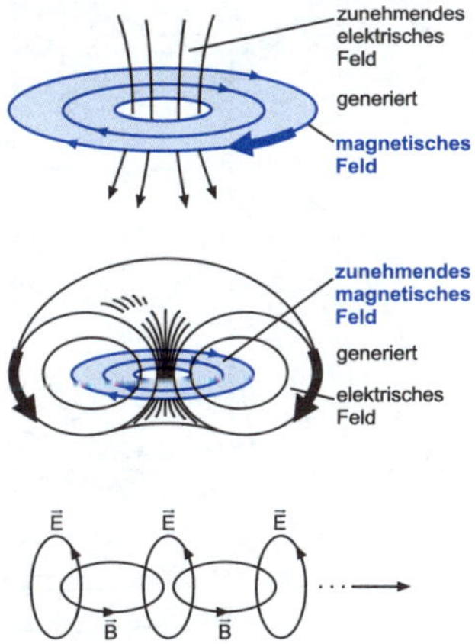

3 Das von einem in der Grundschwingung angeregten Hertz'schen Dipol **abgestrahlte elektrische und magnetische Wechselfeld**

a) hat die Eigenschaft einer **Transversalwelle**,
   - deren Wellenlänge gleich der doppelten Dipollänge ist,
   - deren Frequenz mit der Frequenz der Dipolschwingung übereinstimmt,
   - die sich im Vakuum mit Lichtgeschwindigkeit ausbreitet,
   - die linear polarisiert ist,

b) und ist rotationssymmetrisch um den Dipol angeordnet.

4 Die **Vektoren der elektrischen Feldstärke $\vec{E}$ und der magnetischen Flussdichte $\vec{B}$** dieses Feldes

a) stehen aufeinander und auf der Ausbreitungsrichtung der Transversalwelle senkrecht,

b) schwingen in der Fernzone gleichphasig

c) und schwingen in der Nahzone mit einer Phasenverschiebung von einer Viertelschwingung.

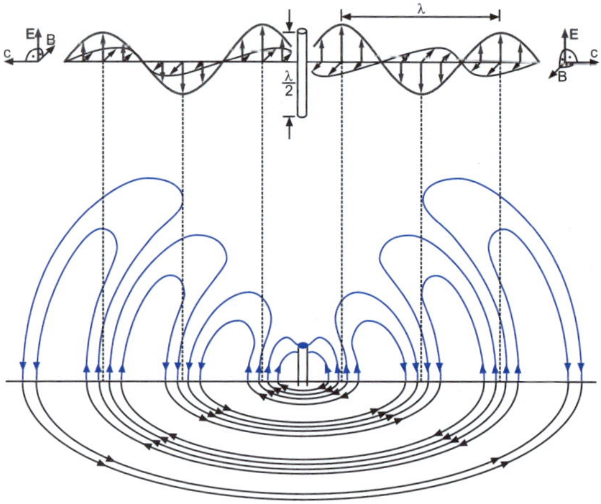

Der Betrag S der **Energie**, die von einem in der Grundschwingung angeregten **Hertz'schen Dipol ausgeht** und pro Zeiteinheit eine senkrecht zur Strahlung stehende Flächeneinheit durchfließt, wird im Polardiagramm durch die jeweiligen Pfeillängen veranschaulicht. 5

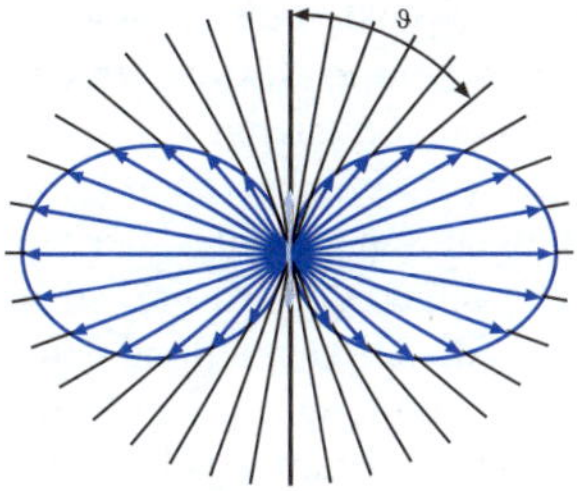

Bei Abstrahlung unter dem Winkel ϑ gegen die Dipolrichtung gilt im Abstand r vom Dipol:

$$S \sim \frac{\sin^2 \vartheta}{r^2}$$

In seiner Richtung strahlt ein Dipol demnach keine, senkrecht dazu maximale Energie ab.

Der durch die Energieabstrahlung bedingte Energieverlust ist die 6
Hauptursache für die **starke Dämpfung der Dipolschwingungen**, die sich auch in einem flachen und breiten Verlauf einer Dipol-Resonanzkurve äußert.

Das **elektrische bzw. magnetische Feld weist** man in der Dipol-Fernzone mit einem auf Resonanz (→ 47|4) abgestimmten Empfangsdipol bzw. einer Induktionsschleife **nach**, in die eine Hochfrequenzdiode und ein Strommessgerät eingebaut sind. Steht der Empfangsdipol parallel zum $\vec{E}$-Vektor bzw. die Induktionsschleife senkrecht zum $\vec{B}$-Vektor, wird jeweils ein Wechselstrom erzeugt, der nur in den Schwingungsphasen durch den Strommesser fließt, in denen die Diode den Wechselstrom sperrt. Dieser pulsierende Gleichstrom erzeugt wegen der hohen Frequenz am Zeigerinstrument einen konstanten Ausschlag. 7

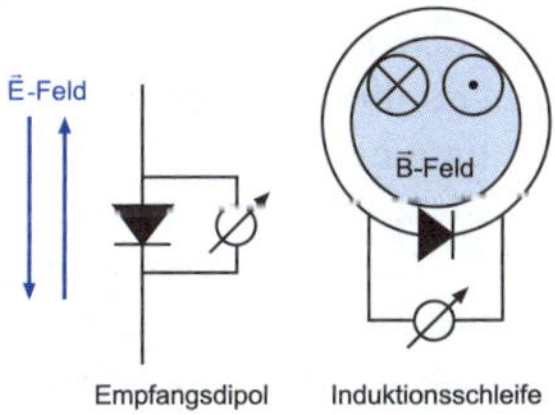

8 Mit **Dipolstrahlung** lassen sich typische **Transversalwellenphänomene** wie Reflexion, Brechung, Beugung, Interferenz und Polarisation demonstrieren.
Zur Vermeidung von Störstrahlung verwendet man dazu einen 1,5 cm langen Sendedipol S, der von einem Klystron in der Grundschwingung angeregt wird und so in einem Abstrahltrichter angebracht ist, dass die Dipolstrahlung den Sender als Parallelbündel verlässt.
Die Strahlung wird mit einem auf Resonanz (→ 47|4) zu S abgestimmten Empfangsdipol E nachgewiesen. Er befindet sich in einem Empfangstrichter, der die ankommende Strahlung auf ihn konzentriert.

9 **Nachweis der Reflexion**

Dipolstrahlung wird an einer Metallwand so reflektiert, dass
a) einfallende, reflektierte Strahlung und Einfallslot in einer Ebene liegen und
b) Einfalls- und Reflexionswinkel gleich sind: $\alpha_E = \alpha_R$

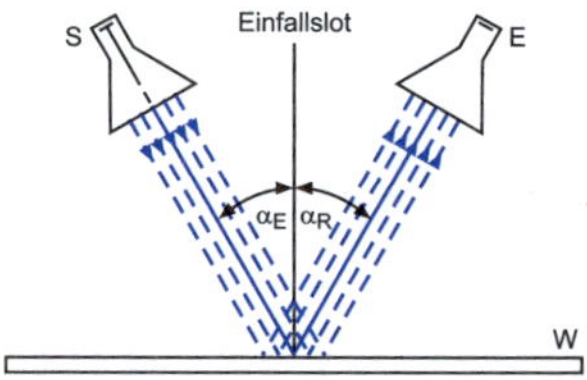

10 **Nachweis der Brechung**

Dipolstrahlung wird beim Auftreffen auf einen Kunstharzquader so gebrochen, dass
a) einfallende, gebrochene Strahlung und Einfallslot in einer Ebene liegen und
b) die Sinuswerte von Einfalls- und Brechwinkel sich wie die Lichtgeschwindigkeiten c_1 in Luft und c_2 in Kunstharz verhalten:

$$\frac{\sin \alpha_E}{\sin \alpha_B} = \frac{c_1}{c_2}$$

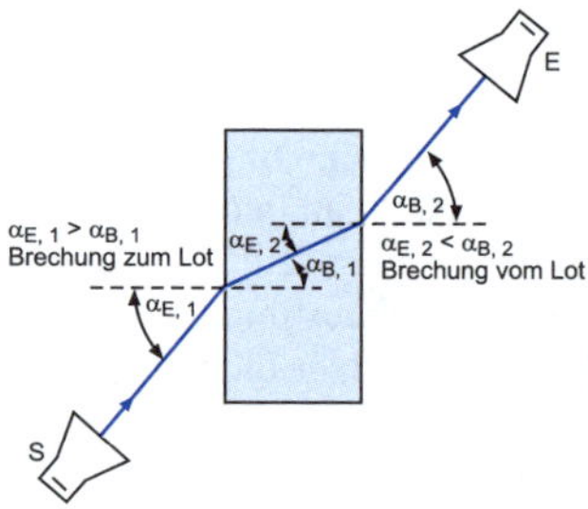

Nachweis der Beugung 11

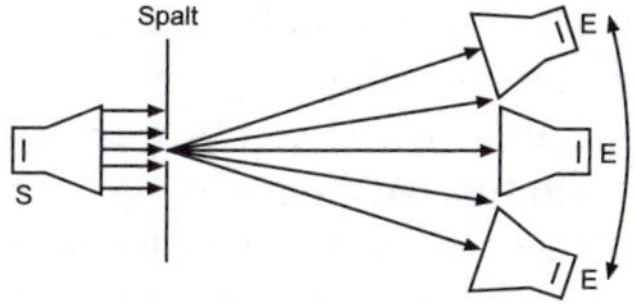

Trifft Dipolstrahlung senkrecht auf einen Spalt, dessen Breite größenordnungsmäßig mit der Wellenlänge übereinstimmt (→ 55|2; 3), so lässt sie sich dahinter mit dem Empfangsdipol E auch an Stellen nachweisen, an die sie bei geradliniger Ausbreitung nicht gelangen könnte.

Nachweis der Interferenz 12

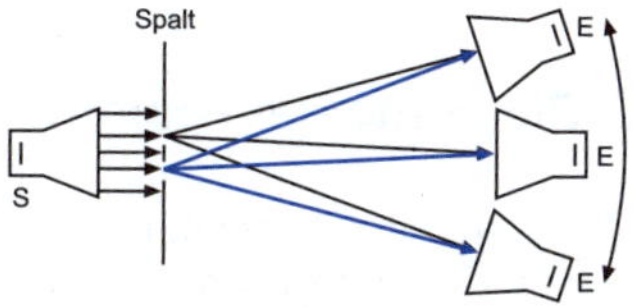

Dipolstrahlung trifft senkrecht auf einen geeignet dimensionierten (→ 55|2; 3) Doppelspalt. Führt man den Empfangsdipol E dahinter entlang eines Halbkreises, registriert man abwechselnd Empfangsmaxima bzw. -minima, je nachdem, ob der Gangunterschied der von den beiden Spalten kommenden Wellen ein ganzzahliges Vielfaches der ganzen Wellenlänge bzw. ein ungeradzahliges Vielfaches der halben Wellenlänge ist.

Nachweis der Polarisation 13

Hält man in einem Raumpunkt P den Empfangsdipol E parallel zum Sendedipol S, stellt man maximalen Empfang fest. Nimmt E eine Stellung senkrecht zu S ein, verschwindet der Empfang.
Da die frei beweglichen Elektronen im Empfangsdipol nur von der zu ihm parallelen Komponente des $\vec{E}$-Vektors zu Schwingungen angeregt werden können, schwingt der $\vec{E}$-Vektor in der vom Dipol abgestrahlten elektromagnetischen Welle demnach nur in der vom Dipol und dem Raumpunkt festgelegten Ebene.
Analog kann man mit einer Induktionsschleife (→ 50|7) nachweisen, dass der $\vec{B}$-Vektor in jedem Raumpunkt stets in einer Ebene schwingt, die senkrecht zur Schwingungsebene des $\vec{E}$-Vektors verläuft.

Zur **Messung der Wellenlänge** lässt man die Strahlung des Senders S senkrecht auf eine hinreichend große Metallwand W treffen. Die von S auf W zulaufende und die an W reflektierte elektromagnetische Welle überlagern sich dann zu einer stehenden Welle. 14

Mit einem zu S parallelen, auf Resonanz abgestimmten Empfangsdipol E stellt man auf dem Weg von W nach S in periodischen Abständen an den Wellenbäuchen Empfangsmaxima und an den Wellenknoten Empfangsminima fest. Direkt an W liegt ein Minimum vor. Die Wellenlänge ist doppelt so groß wie der Abstand zwischen zwei benachbarten Knoten.

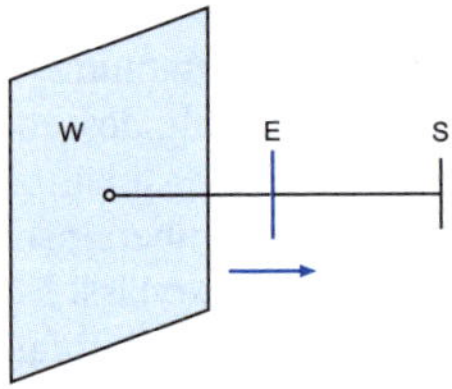

51 Elemente der Rundfunktechnik

1 Beim Rundfunk werden niederfrequente Schwingungen bis etwa 20 000 Hz drahtlos übertragen. Da die von einem Dipol abgestrahlte Leistung Φ proportional zur vierten Potenz seiner Eigenfrequenz ist, $\Phi = f^4$, ist die Frequenz solcher Schwingungen zu klein, um direkt über eine Antenne abgestrahlt werden zu können. Man verwendet daher hochfrequente elektromagnetische Wellen als Träger und prägt diesen die Niederfrequenz als Schwankung der Amplitude oder der Frequenz auf.

2 Bei der **Amplitudenmodulation** wird die Amplitude

$$I_T(t) = I_{0,T} \cdot \sin(2 \cdot \pi \cdot f_T \cdot t),$$

einer hochfrequenten Schwingung, der so genannten **Trägerschwingung**, im Takt einer Schwingung

$$I_M(t) = I_{0,M} \cdot \sin(2 \cdot \pi \cdot f_M \cdot t)$$

mit wesentlich niedrigerer Frequenz f_M, der so genannten **Modulationsschwingung**, verändert. Die resultierende Amplitude wird beschrieben durch:

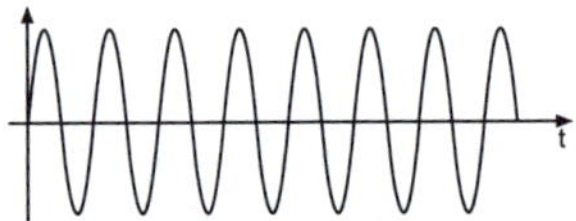

hochfrequente Trägerschwingung

niederfrequente Schwingung

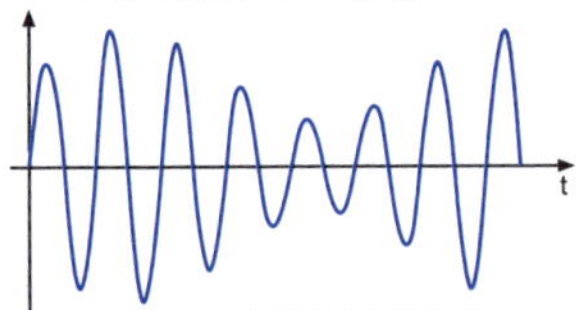

amplitudenmodulierte Schwingung

$$I_{AM}(t) = [I_{0,T} + I_{0,M} \cdot \sin(2 \cdot \pi \cdot f_M \cdot t)] \cdot \sin(2 \cdot \pi \cdot f_T \cdot t)$$

In einem **Sender** lässt sich Amplitudenmodulation bewerkstelligen, indem man einen Transformator mit Mikrofonkreis an einen Hochfrequenzoszillator (→ 49|3), anschließt (siehe Abbildung). 3

Das Mikrofon M wandelt die Schallschwingungen in elektrische Schwingungen um, die vom Transformator auf den Gitterkreis übertragen werden. Die dadurch hervorgerufenen zusätzlichen niederfrequenten Spannungsschwankungen des Gitters verursachen Amplitudenschwankungen der durch die Dreipunktschaltung (→ 46|4) erzeugten Hochfrequenzschwingung. Der induktiv an den Schwingkreisbügel angekoppelte Dipol S strahlt amplitudenmodulierte elektromagnetische Wellen ab.

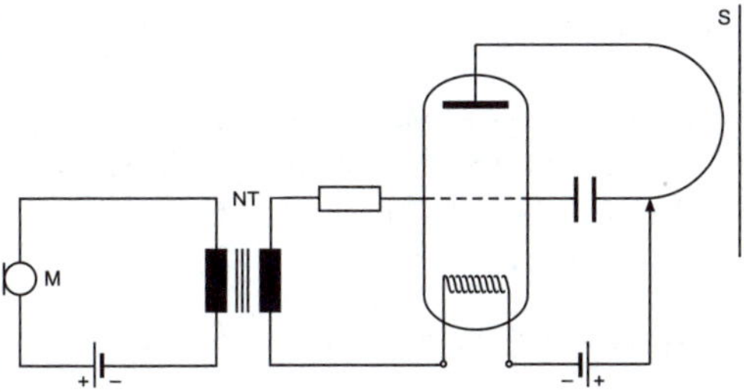

Als **Demodulation** bezeichnet man die Rückwandlung einer mit Niederfrequenz modulierten Hochfrequenzschwingung in die Niederfrequenzschwingung. Demodulation ist erforderlich, weil eine Lautsprechermembran trägheitsbedingt hohen Frequenzen nicht folgen kann. Zur Demodulation amplitudenmodulierter Schwingungen schneidet man mit einer Hochfrequenzdiode den unteren oder oberen Teil der Hochfrequenzschwingung ab. Der mit der beschnittenen Schwingung gespeiste Lautsprecher folgt dann den niederfrequenten Schwankungen. 4

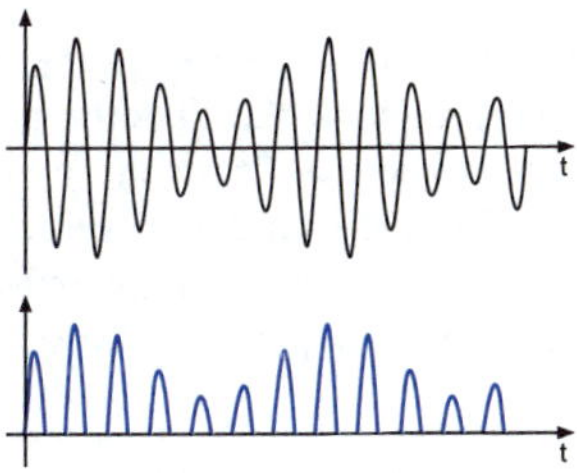

5 Im **Empfänger** wird der Empfangsdipol E durch die ankommende elektromagnetische Welle zu hochfrequenten amplitudenmodulierten Schwingungen angeregt, die an den angekoppelten, auf Resonanz abgestimmten (→ 47|4) Schwingkreis übertragen werden. Die am Schwingkreiskondensator abgegriffene amplitudenmodulierte Hochfrequenzspannung wird durch die Hochfrequenzdiode D gleichgerichtet und nach Verstärkung einem Lautsprecher L zugeführt, der die Niederfrequenzschwingung hörbar macht.

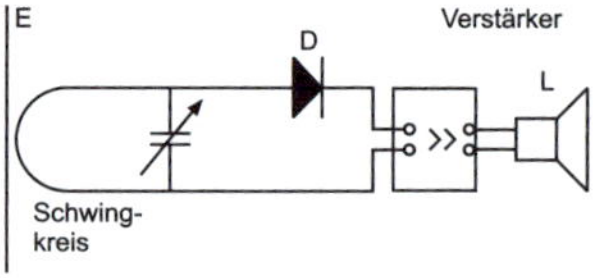

6 Durch eine einfache trigonometrische Umformung lässt sich die amplitudenmodulierte Schwingung (→ 51|2) als Summe dreier sinusförmiger Schwingungen der Frequenzen f_T, $f_T - f_M$, $f_T + f_M$ darstellen:

$$I_{AM}(t) = I_{0,T} \cdot \sin(2 \cdot \pi \cdot f_T \cdot t) + \frac{1}{2} \cdot I_{0,M} \cdot \cos(2 \cdot \pi \cdot (f_T + f_M) \cdot t) + \frac{1}{2} \cdot I_{0,M} \cdot \cos(2 \cdot \pi \cdot (f_T - f_M) \cdot t)$$

Die Differenz $(f_T + f_M) - (f_T - f_M) = 2 \cdot f_M$ der größten und der kleinsten Frequenz heißt **Frequenzbandbreite**.
Ein Sender, der Sprache und Musik optimal übertragen will, muss alle Frequenzen des Tonfrequenzbereichs von 20 Hz bis 20 000 Hz übertragen. Seine Frequenzbandbreite beträgt also unabhängig von der Trägerfrequenz $2 \cdot 20\,000$ Hz $= 40\,000$ Hz.

7 Zwei frequenzbenachbarte Sender stören sich gegenseitig nicht, wenn der Abstand ihrer Trägerfrequenzen so groß ist, dass sich oberes und unteres Frequenzband nicht überlappen.

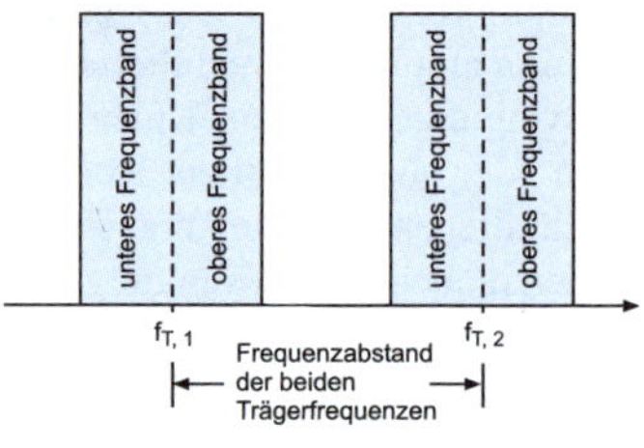

Im Mittelwellenbereich (1 600 kHz – 500 kHz) bzw. im Kurzwellenbereich (16 MHz – 6 MHz) können wegen

$$(1\,600\ \text{kHz} - 500\ \text{kHz}) : 40\ \text{kHz} = 27{,}5$$

bzw.

$$(16\ \text{MHz} - 6\ \text{MHz}) : 40\ \text{kHz} = 250$$

daher maximal nur 27 bzw. 250 Sender betrieben werden.

Bei der **Frequenzmodulation** wird die Trägerfrequenz einer hoch- 8
frequenten Schwingung im Rhythmus einer Schwingung mit wesentlich niedrigerer Frequenz verändert, ohne dass sich dabei die Amplitude der Trägerschwingung verändert.
Frequenzmodulierte elektromagnetische Wellen sind weniger störanfällig als amplitudenmodulierte. Man erzeugt Sie z. B. mit einem Kondensatormikrofon, das man parallel zum Schwingkreiskondensator eines Hochfrequenzoszillators (→ 49 | 3) anschließt. Im Rhythmus der auf das Mikrofon treffenden Schallwellen ändert sich dann die Mikrofonkapazität und damit die Gesamtkapazität des Schwingkreises bzw. dessen Eigenfrequenz.

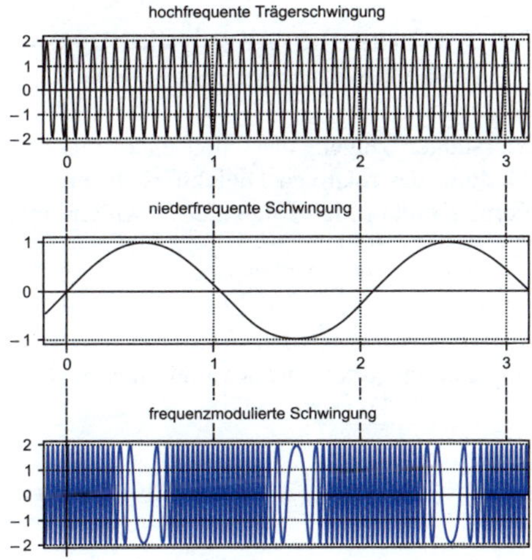

Radiowellen pflanzen sich als **Oberflächenwellen** fort, die der lei- 9
tenden Erdoberfläche und damit der Erdkrümmung folgen, oder sie breiten sich kugelförmig vom Sender als **Raumwellen** aus. Langwellen ($1\ \text{km} < \lambda < 100\ \text{km}$) und Mittelwellen ($100\ \text{m} < \lambda < 1\ \text{km}$) sind hauptsächlich Oberflächenwellen und besitzen eine Reichweite von vielen tausend Kilometern.

Kurzwellen (10 m < λ < 100 m) treten nur in Form von Raumwellen auf, können aber an der Ionosphäre reflektiert werden und so Tausende von Kilometern überbrücken (siehe Abbildung). Um den Sender bildet sich aber eine tote Zone aus. Auch Ultrakurzwellen (1 m < λ < 10 m) breiten sich nur in Form von Raumwellen aus, werden aber nicht von Atmosphärenschichten reflektiert. Ihre Reichweite geht nur wenig über den optischen Horizont.

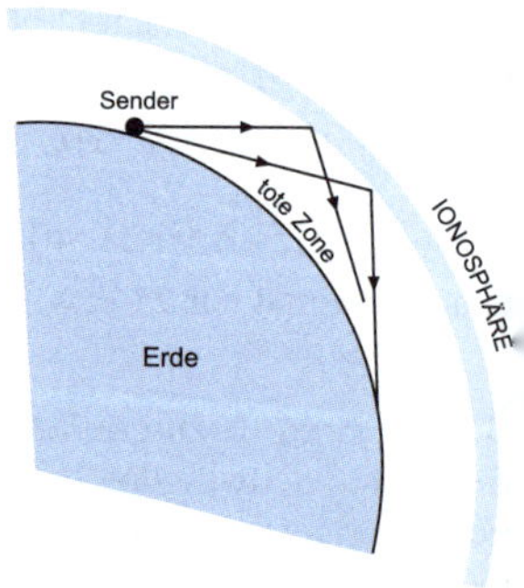

52 Ausbreitungsgeschwindigkeit elektromagnetischer Wellen

1 Messungen zeigen, dass sich elektromagnetische Wellen in einem Medium der relativen Dielektrizitätskonstanten ε_r und der relativen Permeabilität μ_r mit folgender Geschwindigkeit ausbreiten:

$$c_m = \frac{1}{\sqrt{\varepsilon_r \cdot \varepsilon_0 \cdot \mu_r \cdot \mu_0}}$$

2 Im Vakuum stimmt die Ausbreitungsgeschwindigkeit

$$c = \frac{1}{\sqrt{\varepsilon_0 \cdot \mu_0}}$$

mit der Vakuumlichtgeschwindigkeit $c = 2{,}99792458 \cdot 10^8\ \frac{m}{s}$ überein.

3 Als **absoluten Brechungsindex** n eines Mediums bezeichnet man den Quotienten der Ausbreitungsgeschwindigkeiten c bzw. c_m einer elektromagnetischen Welle im Vakuum bzw. in diesem Medium:

$$n = \frac{c}{c_m}$$

n beschreibt anschaulich, um wie viel langsamer sich die elektromagnetische Welle im Medium als im Vakuum ausbreitet.

Als **relativen Brechungsindex** n_{21} eines Mediums 2 relativ zu einem Medium 1 bezeichnet man den Quotienten der absoluten Brechungsindizes dieser Medien. Es gilt: 4

$$n_{21} = \frac{n_1}{n_2} = \frac{c_{m_1}}{c_{m_2}} = \sqrt{\frac{\varepsilon_{r_2} \cdot \mu_{r_2}}{\varepsilon_{r_1} \cdot \mu_{r_1}}}$$

Geht eine elektromagnetische Welle von einem Medium in ein anderes über, so **ändert sich** ihre **Wellenlänge**, ihre **Frequenz ändert sich nicht**. In einem Medium mit absolutem Brechungsindex n beträgt ihre Wellenlänge λ_m nur den n-ten Teil ihrer Vakuumwellenlänge λ: 5

$$\lambda_m = \frac{\lambda}{n}$$

Der absolute Brechungsindex n eines Mediums und damit die Ausbreitungsgeschwindigkeit einer elektromagnetischen Welle im Medium hängen von der Frequenz der Welle ab. Diese Abhängigkeit bezeichnet man als **Dispersion**. 6

Unter der **optischen Weglänge** versteht man das Produkt aus der geometrischen Länge des Wegs der elektromagnetischen Welle in einem Medium und dem absoluten Brechungsindex n dieses Mediums. 7

Wellenoptik

53 Kohärenz und Interferenz

Zu Beginn des 18. Jahrhunderts standen sich zwei Hypothesen über die physikalische Natur des Lichts gegenüber. 1
Die Wellentheorie von Christian Huygens erklärt 1678 Licht als mechanische Longitudinalwelle, die sich mit endlicher Geschwindigkeit in einem alle Körper durchdringenden Äther durch den Raum ausbreitet.
Nach der Korpuskulartheorie Newtons (1704) besteht Licht aus kleinsten Teilchen, die sich nach den Gesetzen der Punktmechanik durch den Raum bewegen.
Erst im 19. Jahrhundert wurde der Streit durch den Nachweis von Lichtinterferenzen zugunsten der Wellentheorie entschieden. Der Grund für die lange Streitdauer lag in der Inkohärenz (→ 53|4) der seinerzeit verfügbaren Lichtquellen.

Die Überlagerung von mehreren Wellen in einem Punkt, aber auch die sich daraus ergebenden Erscheinungen bezeichnet man als **Interferenz**. Von konstruktiver Interferenz spricht man bei gegenseitiger Verstärkung, wenn Wellenberg auf Wellenberg und Wellental auf Wellental trifft. Bei destruktiver Interferenz trifft immer ein Wellenberg auf ein Wellental und umgekehrt, es kommt zur gegenseitigen Auslöschung. 2

Überlagern sich nur zwei Wellen, so spricht man von **Zweistrahlinterferenz**. Haben die Wellenquellen 3
a) gleiche Frequenz,
b) gleiche Schwingungsrichtung,
c) gleiche Schwingungsamplitude,
d) konstante Phasendifferenz,
e) einen unveränderlichen räumlichen Abstand,
so beobachtet man im Überlagerungspunkt **konstruktive** (destruktive) Interferenz **k-ter Ordnung**, wenn der Gangunterschied Δs der

Wellen ein **ganzzahliges** (ungeradzahliges) Vielfaches der **ganzen** (halben) Wellenlänge ist:

$$\mathbf{\Delta s = k \cdot \lambda} \quad \text{bzw.} \quad \Delta s = (2k+1) \cdot \frac{\lambda}{2}, \quad k = 1, 2, 3, \ldots$$

4 Zwei Wellen heißen **kohärent**, wenn sie von Quellen gleicher Frequenz mit konstanter Phasendifferenz abgestrahlt werden. Da die Atome in thermischen Lichtquellen (z. B. Sonne, Glühlampe) beim Übergang von einem angeregten in den energetischen Grundzustand unabhängig voneinander zu unterschiedlichen Zeitpunkten die Energiedifferenz in Form elektromagnetischer Energie abstrahlen, ist das Licht derartiger Lichtquellen im Allgemeinen nicht kohärent.

5 Zur **Erzeugung von Zweistrahl-Lichtinterferenzen** spaltet man daher das von einer punktförmigen Lichtquelle emittierte Licht mit Spiegeln, Prismen oder Spalten in zwei Strahlen auf, die sich nach Zurücklegen unterschiedlich langer Wege wieder treffen. Dann gibt es zu jedem Wellenzug in einem Strahl genau einen Wellenzug im anderen Strahl, der durch denselben Strahlungsakt desselben Atoms in der Lichtquelle zur selben Zeit entstanden ist. Somit treffen im Überlagerungspunkt jeweils zwei Wellenzüge gleicher Frequenz und gleicher Schwingungsrichtung zusammen, deren Phasendifferenz einzig und allein durch die Differenz der unterschiedlichen Weglängen zwischen Emissions- und Überlagerungspunkt bestimmt ist. Alle Bedingungen für die Ausbildung von Interferenzerscheinungen sind damit erfüllt.

6 Damit die endliche Breite a der Lichtquellen die Interferenz nicht stört, muss zwischen a, dem halben Öffnungswinkel ε des benutzten Lichtbündels und der Wellenlänge λ der Zusammenhang

$$a \cdot \sin\varepsilon < \frac{\lambda}{2}$$

bestehen. Diese Ungleichung nennt man **Kohärenzbedingung** für flächige Lichtquellen.

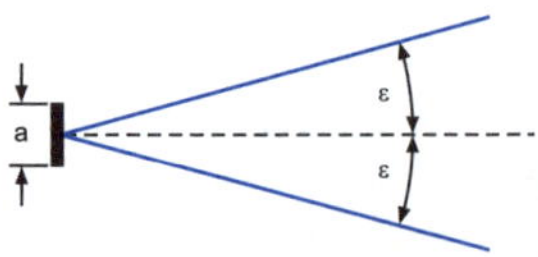

Die Länge der von den Atomen einer Lichtquelle abgestrahlten Wellenzüge heißt **Kohärenzlänge**. 7
Die Kohärenzlänge des bei einem Interferenzexperiment verwendeten Lichts muss stets größer als der Gangunterschied sein, da anderenfalls die kohärenten Wellenzüge den Interferenzort nacheinander passieren.

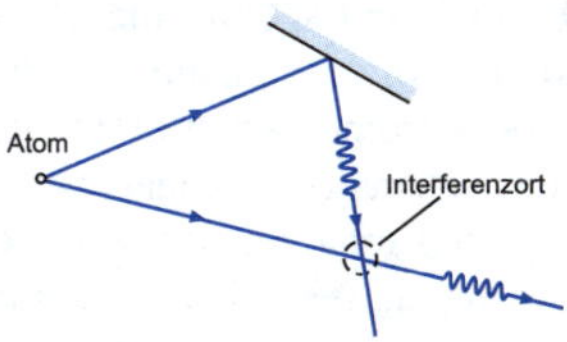

54 Zweistrahlinterferenzen

Beim **Doppelspiegelversuch von Fresnel** fällt monochromatisches Licht durch einen parallel zur Knickkante des Doppelspiegels verlaufenden Kohärenzspalts L, der die Einhaltung der Kohärenzbedingung (→ 53|6) gewährleistet, auf die nur wenig gegeneinander geneigten Spiegelflächen. 1
Da die von den Spiegeln erzeugten virtuellen Spaltbilder L_1' und L_2' wie kohärente Lichtquellen fungieren, entstehen auf dem Schirm in dem von den Spaltbildern gemeinsam beleuchteten Gebiet helle und dunkle, zum Spalt parallele Interferenzstreifen.

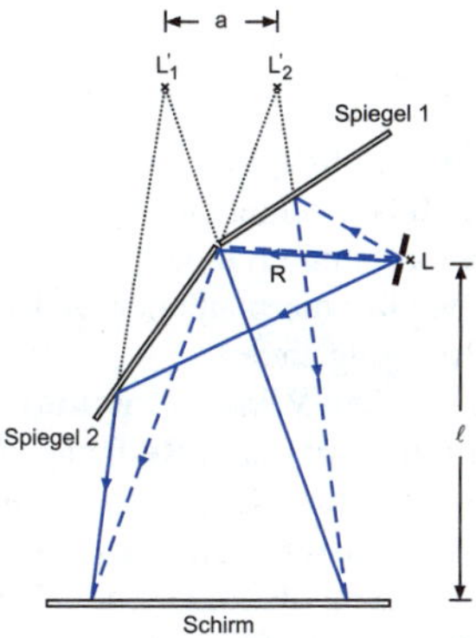

Zwischen der Wellenlänge λ des verwendeten Lichts, dem Abstand a der virtuellen Lichtquellen, den Abständen ℓ bzw. R des Beobachtungsschirms bzw. des Spalts von der Spiegelknickstelle und dem Abstand Δ zweier benachbarter Interferenzmaxima auf dem Schirm besteht der Zusammenhang:

$$\Delta = \frac{(\ell + R)\cdot\lambda}{a}$$

2 Beim **Lloyd'schen Spiegelversuch** befindet sich ein von einer monochromatischen Lichtquelle L beleuchteter Kohärenzspalt, der die Einhaltung der Kohärenzbedingung (→ 53|6) gewährleistet, im Abstand a über einem ebenen Spiegel und im Abstand ℓ vor einem Schirm. Das vom Spalt direkt zum Schirm gelangende Licht interferiert dort mit Licht, das vom Spiegel reflektiert wurde. Es entstehen helle und dunkle, zum Spalt parallele Interferenzstreifen. Für den Abstand Δ zweier benachbarter Interferenzmaxima gilt:

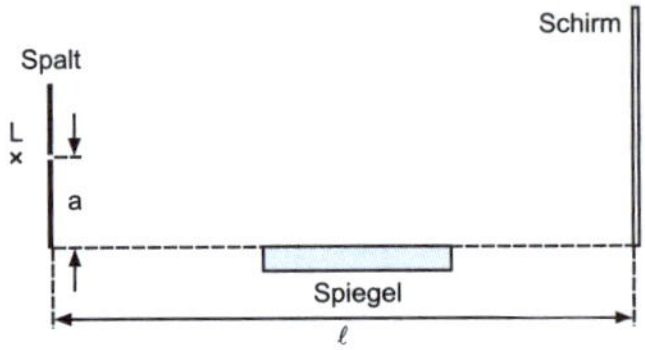

$$\Delta = \frac{\lambda \cdot \ell}{2 \cdot a}$$

3 Beim **Pohl'schen Interferenzversuch** beleuchtet eine Quecksilberdampflampe L eine dünne planparallele Glimmerplatte der Dicke d vom Brechungsindex n (→ 52|3). Ein unter dem Winkel α auftreffender Strahl wird durch Reflexion an der Vorder- und Rückseite in zwei parallele, kohärente Strahlen 1 und 2 aufgespalten, die im Unendlichen konstruktiv interferieren, wenn

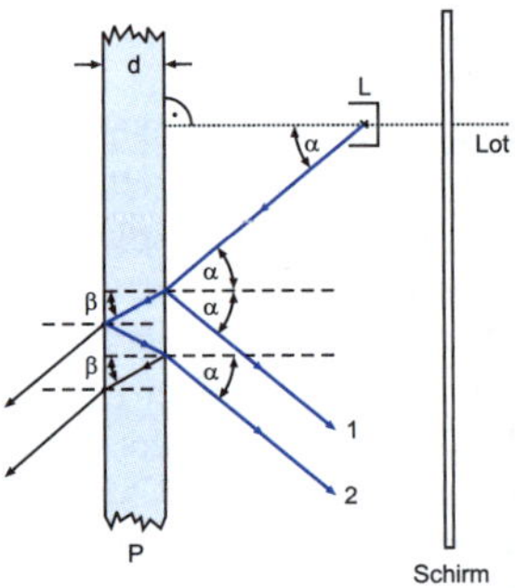

$$2 \cdot n \cdot d \cdot \cos\alpha + \frac{\lambda}{2} = k \cdot \lambda; \quad k \in \mathbb{Z}$$

Auf dem Schirm beobachtet man helle und dunkle, zum Lot konzentrische Interferenzringe. Da alles Licht eines bestimmten Interferenzrings unter dem gleichen Winkel auf die Platte getroffen ist, spricht man von **Interferenz gleicher Neigung**.

4 Beim **Fresnel'schen Biprismaversuch** fällt monochromatisches Licht durch einen Kohärenzspalt L, der die Einhaltung der Kohärenzbedingung (→ 53|6) gewährleistet, auf ein Doppelprisma. Durch Brechung entstehen zwei virtuelle Bilder L_1' und L_2' der Lichtquelle L. Sie fungieren als kohärente Lichtquellen und erzeugen auf einem Schirm in dem gemeinsam beleuchteten Gebiet helle und dunkle, zum Spalt parallele Interferenzstreifen.

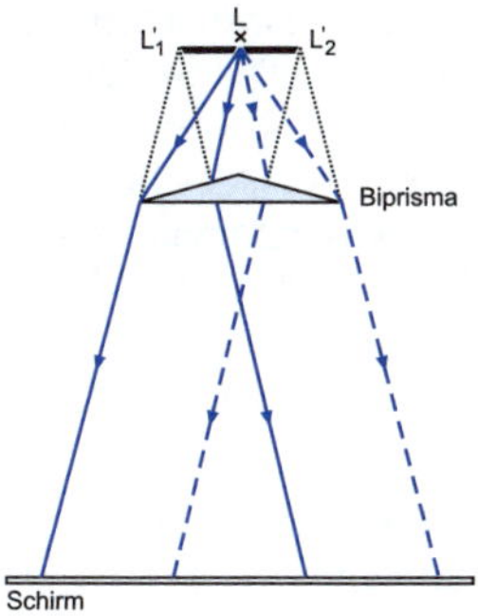

Newton'sche Ringe 5

Auf einer planparallelen Glasplatte liegt eine plankonvexe Linse sehr geringer Krümmung, auf die senkrecht von oben monochromatisches Licht der Wellenlänge λ trifft. Ein in die Linse eindringender Strahl wird teils an ihrer Unterseite (Strahl 1), teils an der Oberfläche der Glasplatte (Strahl 2) reflektiert.

Beide Strahlen sind kohärent und interferieren je nach Gangunterschied konstruktiv oder destruktiv. Da alle Strahlen mit gleichem Abstand zur Achse a auch gleichen Gangunterschied aufweisen, beobachtet man beim Blick von oben in Richtung des einfallenden Lichts helle und dunkle, konzentrische Kreise mit Mittelpunkt A.

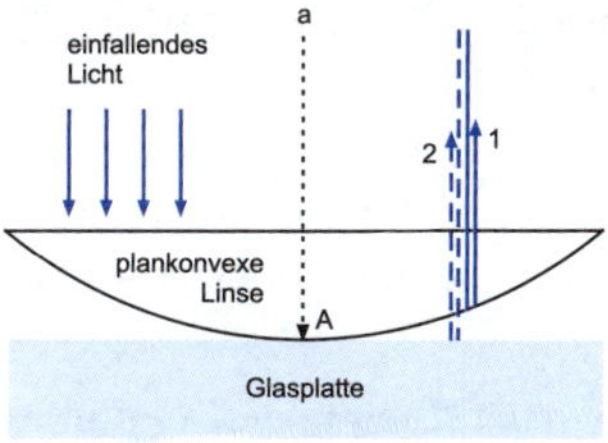

Für deren Radius gilt
bei dunklen Kreisen

$$r_k = \sqrt{k \cdot \lambda \cdot R}; \quad k \in \mathbb{Z};$$

bei hellen Kreisen

$$r_k = \sqrt{(2 \cdot k + 1) \cdot \frac{\lambda}{2} \cdot R}; \quad k \in \mathbb{Z}.$$

Auch im transmittierten Licht beobachtet man konzentrische Interferenzringe. Die in Reflexion bzw. Transmission beobachteten Ringsysteme sind zueinander komplementär, wobei in Reflexion im Zentrum ein dunkles Interferenzminimum, in Transmission ein helles Interferenzmaximum beobachtet wird. Die Sichtbarkeit der Interferenzen in Transmission ist allerdings geringer als in Reflexion.
Weil alles Licht eines bestimmten Interferenzrings gleichen Gangunterschied aufweist, spricht man von **Interferenz gleicher Dicke**.

6 Interferenzen am Luftkeil

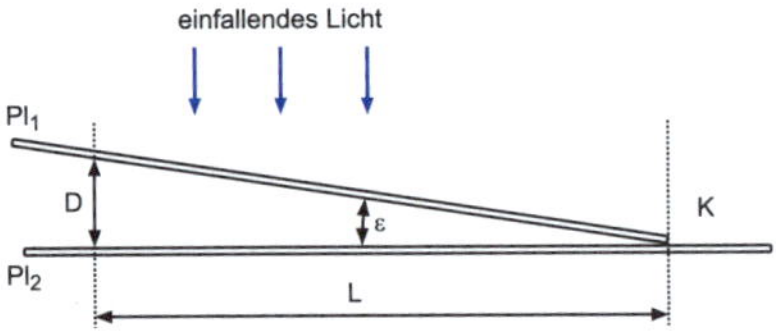

Fällt monochromatisches Licht der Wellenlänge λ senkrecht auf einen Luftkeil mit sehr kleinem Keilwinkel ε, sind die an Pl_2 und Pl_1 reflektierten Strahlen kohärent und interferieren oberhalb von Pl_1 je nach Gangunterschied konstruktiv oder destruktiv. Beim Blick von oben auf den Keil, in Richtung des einfallenden Lichts, beobachtet man helle und dunkle, zur Auflagekante K parallele Interferenzstreifen. Für den Abstand Δ zweier benachbarter heller Streifen gilt:

$$\Delta = \frac{\lambda \cdot L}{2 \cdot D}$$

Auch hier liegt **Interferenz gleicher Dicke** vor.

7 Farberscheinungen an dünnen Schichten sind z. B. bei Seifenblasen, Ölflecken auf nassem Asphalt, schillernden Insekten usw. zu beobachten.

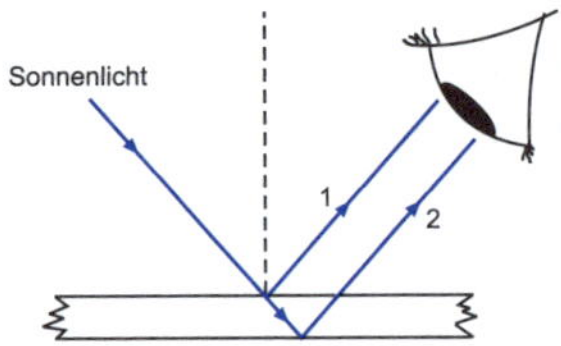

Dünne Schichten können in Teilbereichen näherungsweise als planparallele Platten angesehen werden. Bei der Reflexion von weißem Sonnenlicht an der Vorder- und Rückseite eines solchen Plättchens kann der optische Gangunterschied der Strahlen 1 und 2 für einige der Wellenlängen ein ungeradzahliges Vielfaches der halben Wellenlänge sein. Wegen destruktiver Interferenz fehlen dann die zugehörigen Farben im Auge und man sieht nur die aus den Restwellenlängen entstehende Mischfarbe.

Michelson-Interferometer 8

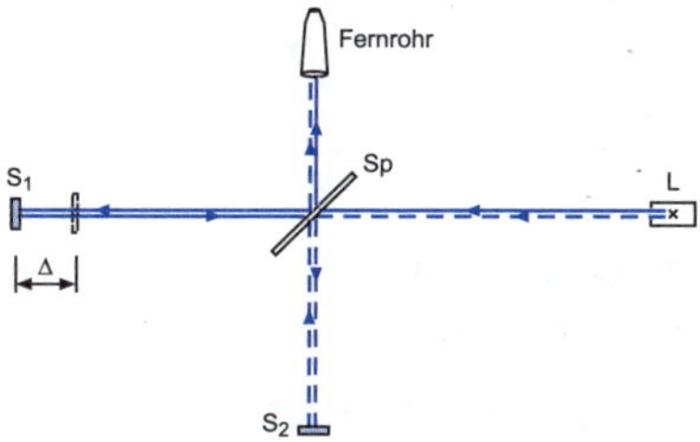

Monochromatisches, paralleles Licht trifft unter 45° auf einen halbdurchlässigen Spiegel Sp.
Ein Teil durchdringt ihn, trifft senkrecht auf den ebenen Spiegel S_1 wird dort reflektiert, gelangt wieder zu Sp und wird zum Teil ins Fernrohr reflektiert.
Der andere Teil wird von Sp reflektiert, trifft senkrecht auf den ebenen Spiegel S_2, wird dort reflektiert, kehrt zu Sp zurück, durchdringt ihn zum Teil und gelangt ins Fernrohr. Dort lässt sich ein System von konzentrischen hellen und dunklen Interferenzringen beobachten.
Mit dem Michelson-Interferometer lassen sich **Längen präzise messen**. Verschiebt man nämlich S_1 um $\Delta s = \frac{\lambda}{4}$ in Richtung L, so verkürzt sich der Gesamtweg des an S_1 reflektierten Strahlteils um $\frac{\lambda}{2}$. Daher sieht man im Fernrohr nach der Verschiebung dort dunkle Kreise, wo vorher helle waren. Verschiebt man S_1 um die zu messende Länge Δ und zählt dabei die Anzahl N der Wechsel zwischen hell und dunkel, so gilt:

$$\Delta = \frac{\lambda}{2} \cdot N$$

55 Beugung und Interferenz an Spalt und Gitter

Trifft kohärentes (→ 53|6), monochromatisches Licht der Wellen- 1
länge λ senkrecht auf einen **Einzelspalt** der Breite a, wird es hinter dem Spalt **gebeugt** und **interferiert**. Eine aufwändige Rechnung zeigt, dass für die **Intensität** I(α) des unter dem Winkel α gebeugten Lichts auf einem sehr weit hinter dem Spalt angebrachten Schirm gilt:

$$\mathbf{I(\alpha) \sim a^2 \cdot \frac{\sin^2\left(\frac{\pi \cdot a}{\lambda} \cdot \sin\alpha\right)}{\left(\frac{\pi \cdot a}{\lambda} \cdot \sin\alpha\right)^2}}$$

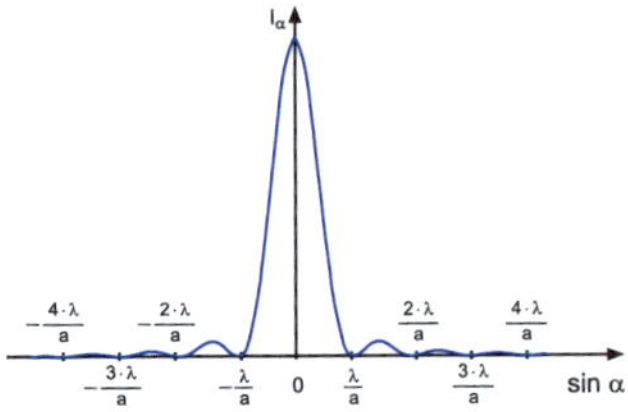

2 **Hinter einem Einzelspalt** ist **in den Richtungen α Dunkelheit** zu beobachten, für die gilt:

$$\mathbf{\sin\alpha = \frac{k \cdot \lambda}{a} \quad k = 1, 2, 3, \ldots}$$

Begründung: Wenn $\sin\alpha = \frac{k \cdot \lambda}{a}$, dann gilt:

$$\frac{\pi \cdot a}{\lambda} \cdot \sin\alpha = \frac{\pi \cdot a}{\lambda} \cdot \frac{k \cdot \lambda}{a} = k \cdot \pi$$

Daher gilt für den Zähler des Intensitätsterms in (→ 55 | 1):

$$\sin^2\left(\frac{\pi \cdot a}{\lambda} \cdot \sin\alpha\right) = \sin^2(k \cdot \pi) = 0$$

3 Interferenzerscheinungen treten hinter einem Einzelspalt nur auf, wenn die **Spaltbreite a nicht wesentlich größer als die Wellenlänge** ist.

Begründung: Ist die Spaltbreite kleiner als die Wellenlänge, $a < \lambda$, so ist $\frac{\lambda}{a} > 1$ und somit $\sin\alpha > 1$ (→ 55 | 2). Hinter dem Spalt ist also kein Intensitätsminimum zu beobachten. Der ganze Schirm ist mehr oder weniger gleichmäßig erhellt – allerdings sehr schwach, da wegen des engen Spalts nur sehr wenig Licht durch den Spalt tritt.
Ist die Spaltbreite wesentlich größer als die Wellenlänge, $a \gg \lambda$, so ist $\frac{\lambda}{a} \ll 1$ und $\sin\alpha = \frac{k \cdot \lambda}{a} \ll 1$, also $\alpha \approx 0$ (→ 55 | 2).
Die Intensitätsmaxima mit noch nennenswerten Intensitäten liegen sehr nahe beim Hauptmaximum. Man beobachtet daher hinter dem Spalt einen hellen Streifen mit relativ scharfem Rand, dessen Breite mit der Spaltbreite mehr oder weniger gut übereinstimmt.

Ein **optisches Transmissions- bzw. Reflexionsgitter** besteht aus einer großen Zahl von gleich breiten, lichtdurchlässigen bzw. reflektierenden Spalten, die parallel zueinander in gleichen Abständen angeordnet sind. Die Zwischenräume zwischen den Spalten sind lichtundurchlässig bzw. nicht reflektierend. Den Abstand der Mitten zweier benachbarter Spalte bezeichnet man als **Gitterkonstante**. 4
Trifft kohärentes Licht auf ein Beugungsgitter, so kann jeder Punkt eines lichtdurchlässigen bzw. reflektierenden Spalts als Zentrum einer Elementarwelle angesehen werden. Diese Elementarwellen interferieren hinter bzw. vor dem Gitter.

Fällt monochromatisches Licht der Wellenlänge λ senkrecht auf ein Transmissionsgitter mit der Gitterkonstanten b, dessen Einzelspalte alle die Breite a besitzen, und erfasst das Licht N Einzelspalte, so liefert eine aufwändige Rechnung für die **Intensität** $I(\alpha)$ des unter dem Winkel α gebeugten Lichts auf einem sehr weit hinter dem Gitter angebrachten Schirm: 5

$$I(\alpha) \sim \frac{\sin^2\left(\frac{\pi \cdot a}{\lambda} \cdot \sin\alpha\right)}{\left(\frac{\pi \cdot a}{\lambda} \cdot \sin\alpha\right)^2} \cdot \frac{\sin^2\left(\frac{\pi \cdot N \cdot b}{\lambda} \cdot \sin\alpha\right)}{\sin^2\left(\frac{\pi \cdot b}{\lambda} \cdot \sin\alpha\right)}$$

Die beiden in der Abbildung gezeigten Graphen stellen die Intensitätsfunktionen hinter einem Transmissionsgitter dar, dessen Gitterkonstante fünfmal so groß ist wie die Einzelspaltbreite und bei dem das Licht $N = 3$ bzw. $N = 4$ Spalten erfasst. Diesen Diagrammen entnimmt man: 6

a) Interferenzerscheinungen sind praktisch nur in dem Schirmbereich zu beobachten, in den das Hauptmaximum eines Gittereinzelspalts fällt (→ 55|1).

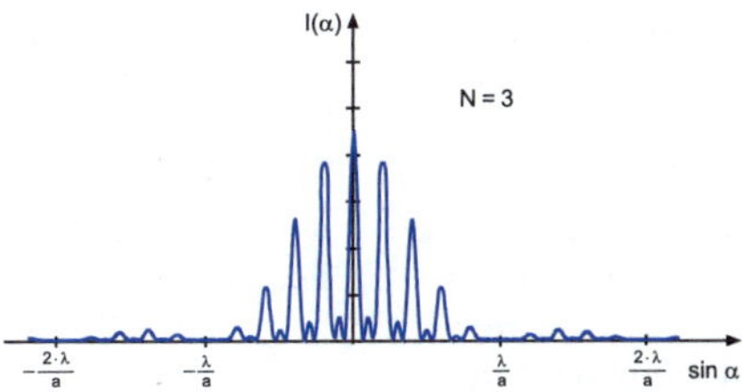

b) Dort beobachtet man für ganz bestimmte Winkel deutliche Maxima, die so genannten **Hauptmaxima** von $I(\alpha)$.

c) Die Lage eines bestimmten Hauptmaximums hängt nicht von N ab.

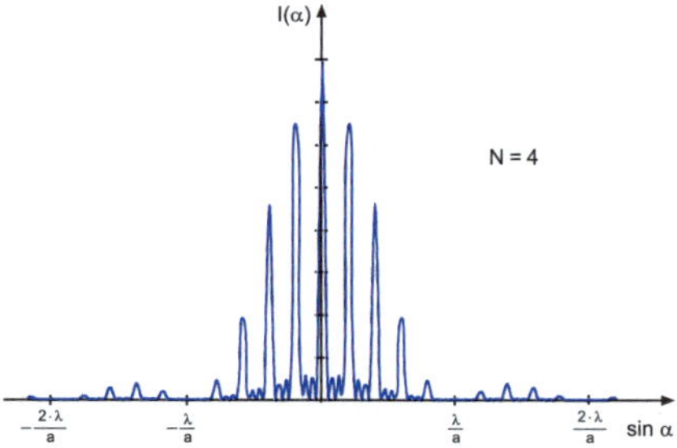

d) Die Intensität eines Hauptmaximums ist proportional zu N^2 und

e) nimmt mit steigender Ordnung, also zunehmendem Beugungswinkel in gleicher Weise ab wie die Intensität hinter einem Einzelspalt der Breite a.

f) Zwischen den Stellen, an denen die Minima 1. Ordnung eines Einzelspalts zu beobachten sind, findet man $2 \cdot \frac{b}{a} - 1$ Hauptmaxima.

g) Zwischen zwei benachbarten Hauptmaxima gibt es $N - 1$ Minima und $N - 2$ Nebenmaxima.

7 Fällt monochromatisches Licht der Wellenlänge λ senkrecht auf ein **Transmissionsgitter** der Gitterkonstanten b, so liegen die **Hauptmaxima** unabhängig von der Einzelspaltbreite auf einem weit entfernten Schirm hinter dem Gitter **in Richtungen**, für die gilt:

$$\mathbf{b \cdot \sin \alpha_k = k \cdot \lambda, \quad k = 1, 2, 3, \ldots}$$

Begründung: Die vom Gitter zum Interferenzpunkt gelangenden Strahlen können als parallel angesehen werden, wenn P weit entfernt ist. Sie sind alle unter dem gleichen Winkel gegen die Einfallsrichtung abgebeugt worden.

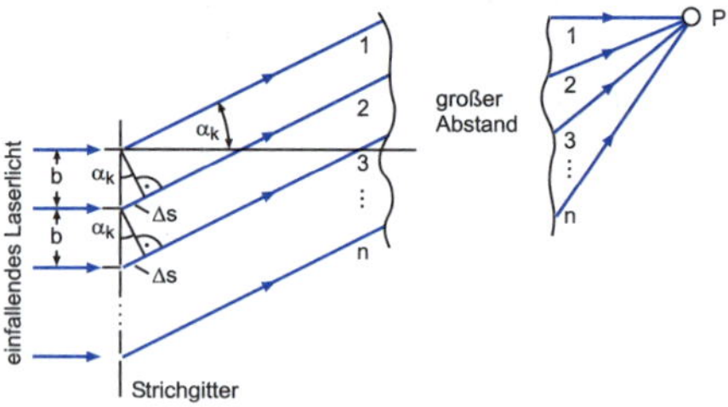

Zu konstruktiver Interferenz in den Hauptmaxima tragen alle unter einem bestimmten Winkel α_k abgebeugten Strahlen verstärkend bei. Das ist nur möglich, wenn der Gangunterschied Δs zwischen einem beliebigen Strahl eines Spalts und des entsprechenden Strahls des Nachbarspalts jeweils genau ein ganzzahliges Vielfaches k der Wellenlänge λ ist. Die sich aus der Skizze ergebende Beziehung

$$\sin\alpha_k = \frac{\Delta s}{b} \quad\Rightarrow\quad \Delta s = b \cdot \sin\alpha_k$$

liefert durch Einsetzen in die Bedingung für konstruktive Interferenz (→ 53|3)

$$\Delta s = k \cdot \lambda, \quad k = 1, 2, 3, \ldots$$

das **Winkelkriterium für Hauptmaxima**.

Ein optisches Gitter beugt langwelliges Licht stärker als kurzwelliges. Die Hauptmaxima von rotem Licht sind auf einem Schirm weiter auseinander gezogen als die Hauptmaxima von blauem Licht gleicher Interferenzordnung. **Weißes**, kohärentes **Licht kann** durch ein optisches Gitter **in die Spektralfarben zerlegt werden**. 8

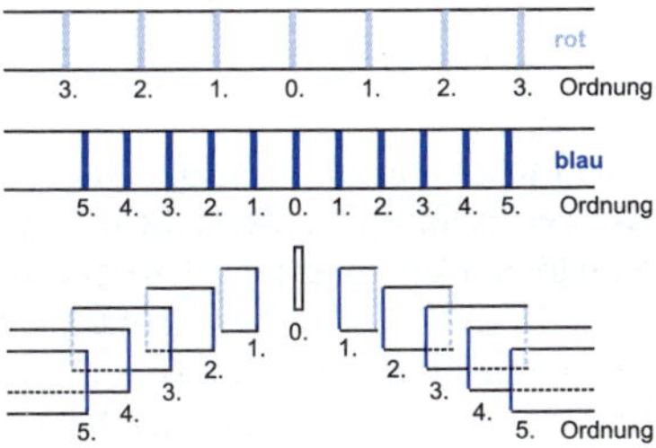

Begründung: Aus dem Winkelkriterium für Hauptmaxima (→ 55|7) folgt für $\lambda_1 > \lambda_2$:

$$\sin\alpha_{k,1} = \frac{k \cdot \lambda_1}{b} > \frac{k \cdot \lambda_2}{b} = \sin\alpha_{k,2} \quad\Rightarrow\quad \alpha_{k,1} > \alpha_{k,2}$$

Daher überlappen sich die von einem Transmissionsgitter erzeugten Weißlichtspektren höherer Interferenzordnung teilweise (siehe Abbildung).

9 **Je kleiner die Gitterkonstante** (→ 55|4) eines optischen Gitters ist, **desto weiter** sind die **Hauptmaxima** auf einem Schirm **auseinander gezogen**.

Begründung: Für $b_1 > b_2$ gilt nach dem Winkelkriterium für Hauptmaxima (→ 55|7):

$$\sin\alpha_{k,1} = \frac{k \cdot \lambda}{b_1} < \frac{k \cdot \lambda}{b_2} = \sin\alpha_{k,2} \quad \Rightarrow \quad \alpha_{k,1} < \alpha_{k,2}$$

10 **Mit** einem **Transmissionsgitter** sehr kleiner Gitterkonstante (→ 55|4) lassen sich **Wellenlängen von Licht** mit großer Genauigkeit **messen**.

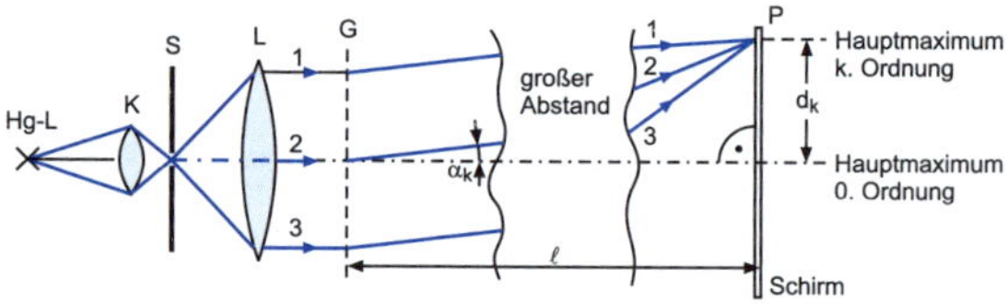

Das Licht fällt zur Verringerung von Energieverlusten durch eine Kondensorlinse K auf einen Kohärenzspalt S, der die Einhaltung der Kohärenzbedingung (→ 53|6) gewährleistet und in der Brennebene einer Konvexlinse L steht. Hinter L trifft dann ein Parallellichtbündel senkrecht auf das Transmissionsgitter, wird gebeugt und interferiert auf einem weit entfernten Schirm. Alle in einem Punkt auf dem Schirm treffenden Strahlen sind praktisch unter dem gleichen Winkel α_k abgebeugt worden. Aus der Geometrie der Versuchsanordnung erhält man:

$$\sin\alpha_k = \frac{d_k}{\sqrt{d_k^2 + \ell^2}}$$

Einsetzen ins Winkelkriterium für Hauptmaxima k-ter Ordnung (→ 55|7) und Auflösen nach λ ergibt:

$$\lambda = \frac{b \cdot d_k}{k \cdot \sqrt{d_k^2 + \ell^2}}$$

Bezeichnet $\Delta\lambda = \lambda' - \lambda$ den kleinsten Differenzbetrag, bei dem die zu den Wellenlängen λ' und λ gehörenden Spektrallinien von einem Spektralapparat gerade noch getrennt dargestellt werden können, so versteht man unter seinem **spektralen Auflösungsvermögen** den Quotienten $\frac{\lambda}{\Delta\lambda}$. 11

Ein optisches Transmissionsgitter, bei dem N Spalte beleuchtet werden, hat bei Beobachtung in k-ter Interferenzordnung das spektrale Auflösungsvermögen:

$$\frac{\lambda}{\Delta\lambda} = k \cdot N$$

Bei einem **Reflexionsgitter** beträgt der Gangunterschied Δs zweier benachbarter Strahlen bei senkrechtem Lichteinfall wie beim Transmissionsgitter: 12

$$\Delta s = b \cdot \sin \alpha_k$$

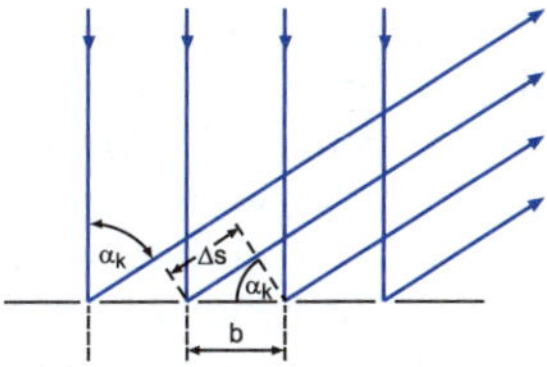

Ebenso sind daher beim **Reflexionsgitter Hauptmaxima** zu beobachten, wenn:

$$b \cdot \sin \alpha_k = k \cdot \lambda, \quad k = 1, 2, 3, \ldots$$

Weicht Licht beim Auftreffen auf ein Gitter der Gitterkonstanten b um den Winkel φ von der Senkrechten ab, so verhält sich das Gitter für kleine Beugungswinkel wie ein Gitter mit der kleineren Gitterkonstanten $b \cdot \cos \varphi$. 13

Weißlichtspektren lassen sich statt mit einem optischen Gitter (→ 55|8) auch mit einem Glasprisma erzeugen. Das Licht einer Kohlebogenlampe wird durch eine Konden- 14

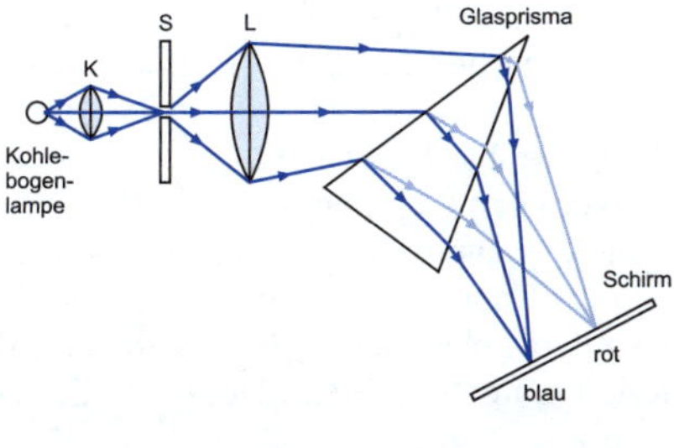

sorlinse K auf die Öffnung eines Spalts S konzentriert. Eine dahinter angebrachte Sammellinse L entwirft auf einem geeignet aufgestellten Schirm von diesem Spalt ein scharfes Bild. Da das Licht auf dem Weg von L zum Schirm beim Durchgang durch das Glasprisma zweimal gebrochen wird und kurzwelliges Licht stärker als langwelliges gebrochen wird, entsteht auf dem Schirm für jede Wellenlänge ein eigenes Spaltbild. Das weiße Licht der Kohlebogenlampe wird in seine Spektralfarben zerlegt.

15 Unterschiede zwischen Gitter- und Prismenspektren

a) Ein **Gitter beugt** rotes Licht stärker als blaues, während ein **Prisma** blaues stärker **bricht** als rotes. **Gitter- und Prismenspektrum** haben daher eine **umgekehrte Farbenfolge**.

b) Ein **Gitter** entwirft aufgrund der verschiedenen Interferenzordnungen **mehrere Spektren**, während ein **Prisma nur eines** erzeugt.

c) **Prismenspektren** haben daher bei gleicher Einstrahlung eine **größere Lichtintensität** als Gitterspektren.

d) Bei einem Gitterspektrum nehmen numerisch gleich große Wellenbereiche am Beobachtungsschirm auch gleich große Ausdehnungsbereiche ein. Beim Prismenspektrum sind sie stärker ausgedehnt (zusammengedrückt), wenn sie im Blauen (Roten) liegen.

16 Mit einem Transmissionsgitter lassen sich auch die **Wellenlängen des** für die Atomphysik wichtigen **Wasserstoffspektrums** messen (→ Band 3, 8|7).

Man zündet dazu in einer dünnen mit Wasserstoffgas gefüllten Kapillare K eine Gasentladung (→ 14|3) und beobachtet durch ein Transmissionsgitter direkt, weil sich wegen der geringen Lichtintensität die Hauptmaxima nicht auf einem Schirm darstellen lassen. Das von der Kapillare ausgehende Licht ist wegen der geringen Breite der Kapillare kohärent (→ 53|6), wird durch das Gitter gebeugt und interferiert hinter dem Gitter. Der Beobachter sieht die Interferenzmaxima

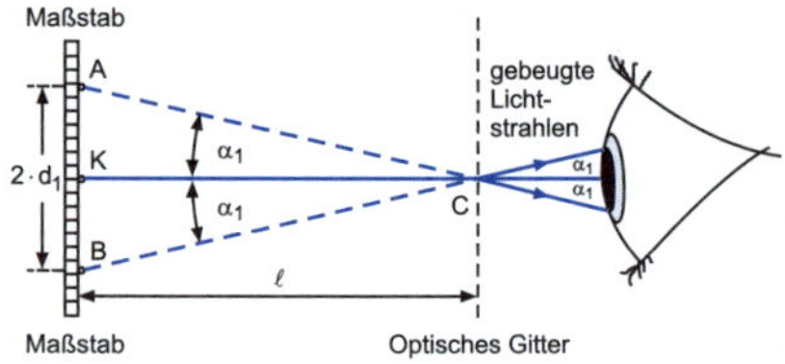

1. Ordnung einer Spektrallinie virtuell und liest ihre Lage in den Punkten A und B auf dem Maßstab ab. Wie in (→ 55|10) erhält man:

$$\lambda = \frac{b \cdot d_1}{\sqrt{d_1^2 + \ell^2}}$$

56 Polarisation des Lichts

Der französische Physiker E. L. Malus entdeckte 1808 durch Zufall die Polarisation bei Licht und entschied damit den Streit, ob Lichtwellen longitudinal oder transversal schwingen, zugunsten der Transversalwellen. 1
Bei **linear polarisiertem Licht** schwingt der E-Vektor der Lichtwelle nur in einer ganz bestimmten Ebene, der so genannten **Schwingungsebene**.

Ein angeregtes Atom strahlt bei der Rückkehr in den energetischen Grundzustand einen linear polarisierten, elektromagnetischen Wellenzug ab. Bei den vielen unabhängigen Strahlungsemissionen durch die Atome einer Lichtquelle wird aber keine Schwingungsebene bevorzugt. **Natürliches Licht** ist daher **nicht polarisiert**. 2

Polarisation durch Absorption 3

Ein **Polarisationsfilter** ist eine transparente Folie, die natürliches Licht in linear polarisiertes verwandelt. Die polarisierende Wirkung der Folie kann durch den ausgeprägten Dichroismus (→ 56|7) kleiner in einen Zellulosefilm eingelagerter Kristallnadeln bewirkt werden.

Gesetz von Malus 4

Trifft linear polarisiertes Licht der Intensität I_0 auf ein Polarisationsfilter (→ 53|6), so tritt dahinter parallel zur Durchlassebene linear polarisiertes Licht der Intensität

$$I(\varphi) = I_0 \cdot \cos^2(\varphi)$$

aus.

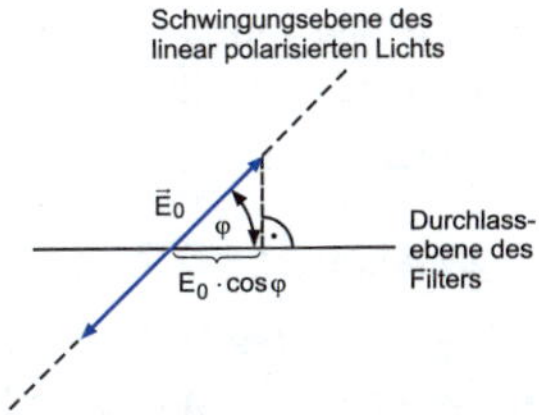

Begründung: Den Filter kann nur die zu seiner Durchlassrichtung parallele Komponente des E-Vektors der Lichtwelle passieren. Da die Intensität des Lichts zu E^2 proportional ist, gilt:

$$\frac{I(\varphi)}{I_0} = \frac{(E_0 \cdot \cos\varphi)^2}{E_0^2} = \cos^2(\varphi)$$

5 Polarisation durch Reflexion
Trifft natürliches Licht unter dem Einfallswinkel α_E so auf die Grenzfläche zweier transparenter Medien mit relativem Brechungsindex n (→ 52|4), dass der reflektierte und der gebrochene Strahl senkrecht aufeinander stehen, so ist der reflektierte Strahl vollständig linear polarisiert. Seine Schwingungsebene steht senkrecht auf der Einfalls-Reflexions-Ebene.

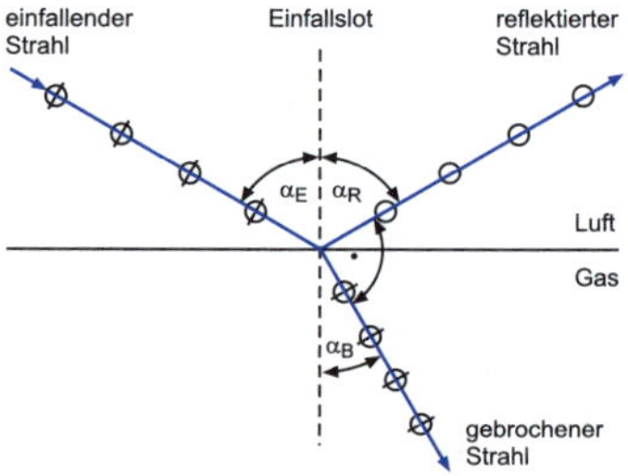

Begründung: Die vom $\vec{E}$-Vektor der Lichtwelle zu Dipolschwingungen angeregten Elektronen in den Medien strahlen nach (→ 50|5) parallel zu ihrer Schwingungsrichtung keine elektromagnetische Energie ab. Die Aussage wird verständlich, wenn man den E-Vektor in eine in der Zeichenebene schwingende Komponente (symbolisiert durch |) und eine dazu senkrechte (symbolisiert durch O) zerlegt (siehe Abbildung).

6 Unter dem **Polarisationswinkel α_P** versteht man den Einfallswinkel α_E, für den reflektierter und gebrochener Strahl aufeinander senkrecht stehen. Es gilt:

$$\tan \alpha_P = n$$

Begründung: Setzt man im Brechungsgesetz $n = \frac{\sin \alpha_E}{\sin \alpha_B}$ (→ 50|10), (→ 52|4) für $\alpha_B = 90° - \alpha_R$, so gilt nach dem Reflexionsgesetz auch $\alpha_B = 90° - \alpha_E$ und man erhält $n = \frac{\sin \alpha_E}{\sin(90° - \alpha_E)} = \frac{\sin \alpha_E}{\cos \alpha_E} = \tan \alpha_E$.

Polarisation durch Doppelbrechung 7

Trifft ein Strahl natürlichen Lichts auf einen Kalkspatkristall, so beobachtet man im Allgemeinen zwei gebrochene Strahlen mit verschiedenen Richtungen. Diese Erscheinung heißt **Doppelbrechung** und beruht darauf, dass im Kristall nicht alle Richtungen optisch gleichberechtigt sind. Nur einer der beiden gebrochenen Strahlen folgt dem Brechungsgesetz. Er heißt **ordentlicher Strahl**, der andere **außerordentlicher Strahl**. Beide Strahlen sind **senkrecht zueinander linear polarisiert**.
Es gibt Kristalle, die das ordentliche und das außerordentliche Licht verschieden stark schwächen. Man nennt dieses Phänomen **Dichroismus**.

Unter dem **Kerr-Effekt** versteht man das Phänomen, dass elektrische Felder in bestimmten Flüssigkeiten Doppelbrechung (→ 56|7) erzeugen. Dabei erhält die Flüssigkeit die Eigenschaften eines doppelbrechenden Kristalls, dessen optische Achse mit der Richtung des elektrischen Felds übereinstimmt. 8

Unter dem **Faraday-Effekt** versteht man das Phänomen, dass bestimmte durchsichtige Stoffe unter dem Einfluss eines Magnetfelds doppelbrechend werden. Läuft linear polarisiertes Licht in Feldrichtung durch das Medium, so wird seine Schwingungsrichtung in einer Rechtsschraube gedreht. 9

Polarisation durch Streuung 10

Von einem Himmelspunkt P gelangt vollständig linear polarisiertes Licht zum Beobachter, wenn das Dreieck (Sonne, Punkt P, Beobachter) bei P einen rechten Winkel bildet.

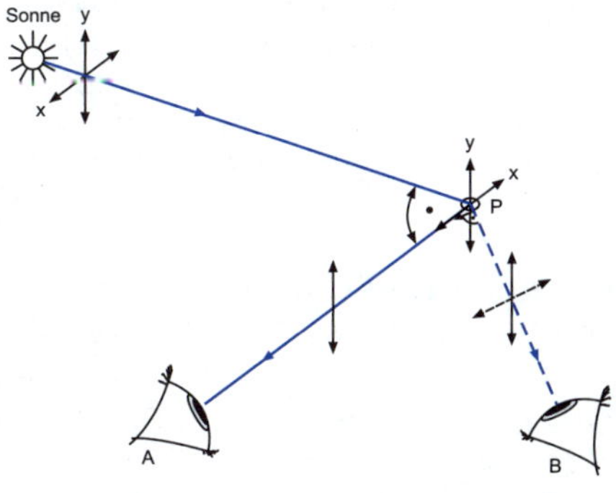

Begründung: Einige Elektronen in den vom Sonnenlicht getroffen Luftmolekülen werden vom $\vec{E}$-Vektor der Lichtwelle zu erzwungenen Schwingungen veranlasst, die als Dipolschwingungen (→ 50|5) parallel zu ihrer Schwingungsrichtung nicht, in ihrer Äquatorebene maximal abstrahlen.

11 Es gibt Stoffe, welche die Schwingungsebene von durchgehendem linear polarisiertem Licht drehen. Sie heißen **optisch aktiv**. Der Winkel α, um den die Schwingungsebene des Lichts auf seinem Weg durch eine optisch aktive Lösung gedreht wird, ist proportional zur Weglänge ℓ und zur Konzentration K der Lösung.

57 Das elektromagnetische Spektrum

1 Das elektromagnetische Spektrum besteht aus der Gesamtheit der elektromagnetischen Wellen, geordnet nach deren Frequenz oder Wellenlänge. So verschieden auch die Erzeugungs- und Nachweismethoden, die Wirkungen und Anwendungen dieser Wellen sind, sie alle lassen sich durch das gleiche Modell der zeitlich und räumlich periodisch sich ändernden und gegenseitig durchdringenden und bedingenden elektrischen und magnetischen Felder (→ 50|2) beschreiben.

2 Sortiert man das elektromagnetische Spektrum nur nach Wellenlängen, gilt für seine wichtigsten Teilbereiche:

Teilbereich	λ-Bereich	Teilbereich	λ-Bereich
Radiowellen	10 km – 1 m	Ultraviolett	390 nm – 50 nm
Radar	einige cm – 1 mm	Röntgenstrahlung	300 nm – 10^{-15} m
Wärmestrahlung	1 mm – 770 nm	Gammastrahlung	10^{-11} m – 10^{-14} m
sichtbares Licht	770 nm – 390 nm	Photonen in der kosmischen Strahlung	< 10^{-13} m

3 Den **sichtbaren Bereich** unterteilt man entsprechend der Spektralfarben in folgende Wellenlängenbereiche:

Violett	390 nm < λ < 425 nm	Gelb	555 nm < λ < 595 nm
Blau	425 nm < λ < 485 nm	Orange	595 nm < λ < 615 nm
Grün	485 nm < λ < 555 nm	Rot	615 nm < λ < 770 nm

Unterteilt man das elektromagnetische Spektrum entsprechend der verschiedenen Methoden für die Erzeugung und den Nachweis der Strahlung, erhält man die in folgendem Schema dargestellten Teilbereiche.

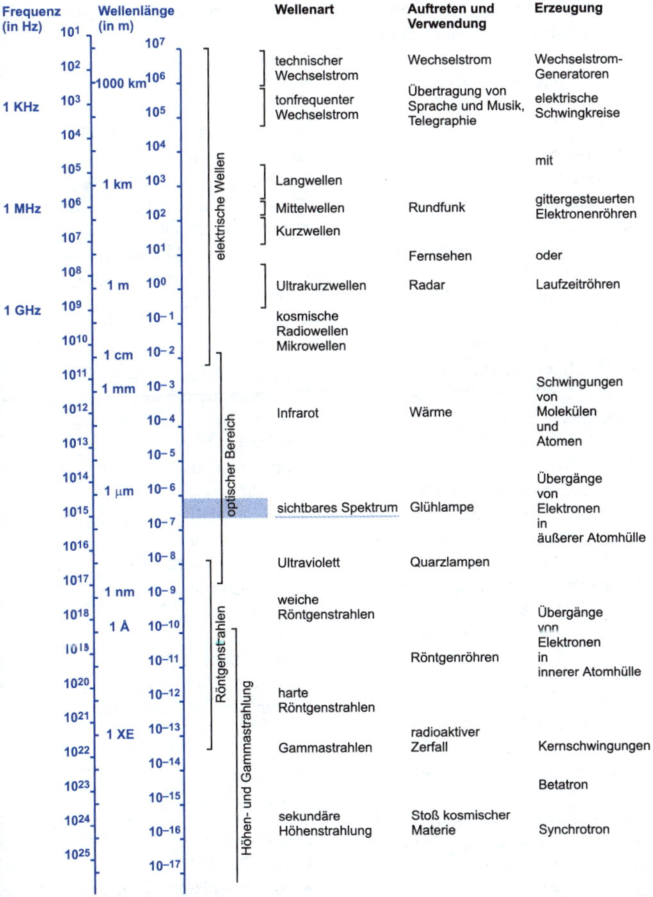

Stichwortverzeichnis

Die Zahlenangaben verweisen auf die Nummern des Kapitels und des zugeordneten Abschnitts, der das betreffende Stichwort enthält.

(Bitte blättern Sie um)